中国经济文库·应用经济学精品系列（二）

孙世强
李　华 ◎著

环境保护的国际经验与借鉴

International Experience and Reference of Environmental Protection

中国经济出版社
CHINA ECONOMIC PUBLISHING HOUSE
北 京

图书在版编目（CIP）数据

环境保护的国际经验与借鉴 / 孙世强，李华著. --
北京：中国经济出版社，2022.2
ISBN 978-7-5136-5805-8

Ⅰ.①环… Ⅱ.①孙…②李… Ⅲ.①环境保护-经验-世界 Ⅳ.①X-11

中国版本图书馆 CIP 数据核字（2019）第 282255 号

责任编辑 罗 茜
责任印制 马小宾
封面设计 华子设计

出版发行 中国经济出版社
印 刷 者 北京艾普海德印刷有限公司
经 销 者 各地新华书店
开 本 710mm×1000mm 1/16
印 张 11
字 数 158 千字
版 次 2022 年 2 月第 1 版
印 次 2022 年 2 月第 1 次
定 价 68.00 元
广告经营许可证 京西工商广字第 8179 号

中国经济出版社 网址 www.economyph.com 社址 北京市东城区安定门外大街 58 号 邮编 100011
本版图书如存在印装质量问题，请与本社销售中心联系调换（联系电话：010-57512564）

序 言

环境污染是全球性危机，只是各国的污染程度不同而已。自然的不可抗污染无法控制，但人为地向环境中排放某种污染物而超过环境的自净能力造成的污染，有必要控制。目前公认的环境污染源主要有：工厂排出的废烟、废气、废水、废渣和噪音；人们生活中排出的废烟、废气、噪音、废水、垃圾；所有的燃油车辆、轮船、飞机等排出的废气和噪音；大量使用化肥、杀虫剂、除草剂等化学物质的农田灌溉后留存于地表及渗入地下的水；矿山废水、废渣；机器噪音，电磁辐射等。

治理环境污染应分阶段进行，要正面强化环境优先原则，所有人类活动都应以对环境的弱负外部效应（环境自身修复能力）和中性或正外部效应为前提，不再继续形成环境污染的边际增加。对已经生成的环境污染应积极治理，消除已经侵入人类社会这一机体内的环境污染病毒，使之尽快康复。

增量配置保护环境的资源，提升全社会环保意识，调整人类技术重点应用于环境保护领域，创新环境污染治理模式，强化环保制度体系和监督管理体系，不仅能够降低环境污染程度，还能够消除边际环境污染，实现环境与人类社会和谐发展。相信只要人们齐心努力，调整不利于环境的生产方式、生活方式，以“公允”“友好”的“善心”与“努力”对待环境，经济发展与环境协调的可持续发展局面一定会实现。

消除环境污染病毒，实现人类社会机体的快速康复，药方是否对症是关键。在这方面，我们不仅要结合中国环境污染特征进行探索性诊治，更要结合国外的环境保护经验，认真分析、比较并掌握国外环境保护的组织结构、内在关联、技术标准，以及为保护环境所采取的政治、经济、文化、法律、行政、教育和执行质量等各类治理措施。

本书总结了澳大利亚、加拿大、美国、日本、韩国等十二个国家以及北欧地区的环境保护经验，研究了环境保护规制层面的法律及配套法规的内容和经济域面的财政政策、税收政策、价格政策、贸易政策、环保产业发展政策等政策体系内容，以及社会文化层面的环保教育、宣传机制等内容。通过对这些国家和地区环境保护对策的梳理，我们充分地意识到“全人类的觉醒”和从高层决策人物到普通百姓的“一致行动”的重要性，意识到环保意识、伦理、信念等都将影响环保绩效。

本书在揭露问题、总结教训的基础上，对问题进行了严肃思考，探索性地总结了国外环保政策对我国环境污染治理与环境保护的经验与启示。本书不仅为环境保护与治理理论的继续研究奠定基础，还为中国的环境保护与治理提供可借鉴的经验。

在本书著述过程中，河南大学经济学院博士研究生赵永强，硕士研究生施雨竹、刘怡琳、陈亚茹、王茜、马文珂、任晓荣、李婉爽，河南大学经济学院金融专业学生方彬、刘爽爽，吉林财经大学统计信息专业学生张贺，为本书的中外文资料查询、翻译、图形绘制、数据整理、数据分析和校对等工作投入了大量的精力，为本书出版付出了辛勤的劳动，在此表示诚挚的感谢。

因资料数据完整性、即时性不足，遗漏、错误之处在所难免，敬请读者批评指正。

孙世强

目　录

第一章　澳大利亚环境保护对策与借鉴

澳大利亚位于南半球，四面环海，是唯一占领整块大陆的国家，国土面积 769.2 万平方千米，2020 年人口总数约 2569 万，是世界上人口密度最低的国家。澳大利亚地形特色明显，西部和中部属于多石地带，东部有连绵的高原，靠海处是海滩缓坡，缓坡缓斜向西，渐成平原，沿海地带到处是宽阔的沙滩和葱翠的草木，地形千姿百态。墨累河和达令河是澳大利亚最长的两条河流。澳大利亚生物多样性特征明显。澳大利亚国土面积的三分之一位于热带，三分之二位于温带，整体降雨量非常少，但区域差异较大；70%的地区是干旱或半干旱地区，中心大部分地区不适宜人类居住。澳大利亚有 11 个主要沙漠，占据其陆地面积的 20%；农牧业发达，自然资源丰富，有“骑在羊背上的国家”和“坐在矿车上的国家”之称，长期靠出口农产品和矿产资源赚取大量收入。

一、澳大利亚环境保护状况

澳大利亚极为重视环境保护，在固体废料及有毒废料处理、空气污染监察及控制、开发与利用绿色能源、环境保护咨询、清理受污染区域等方面成效显著。新南威尔士州是澳大利亚环保行业的中心。

（一）温室气体排放

人们认为，全球气候变暖的主要原因是人类在自身发展过程中对能源的过度使用和自然资源的过度开发，造成大气中温室气体的浓度以极快的速度增长。这些温室气体有二氧化碳（CO_2）、甲烷、氧化亚氮（N_2O）、氢氟碳化物、全氟化碳和六氟化硫。其中，二氧化碳对温室效应的贡献率达到60%。所以，控制碳排放已经成为大多数人理解、接受并采取行动的共识。在温室气体排放制度构建方面，1992年5月9日，联合国大会通过的《联合国气候变化框架公约》（简称《框架公约》）是国际社会针对全球气候变暖问题缔结的国际公约之一；1997年12月在日本京都召开的《框架公约》第三次缔约方大会上达成的《京都议定书》是30多个发达国家和经济转型国家发起的解决温室气体排放的共同承诺，后陆续有国家加入，现已发展到140多个国家。《京都议定书》限时规定分阶段减少温室气体排放量，并规定具体减排目标和减排方式，标志着国际社会进入了一个实质性减排温室气体的阶段。

澳大利亚在2007年12月签署了《京都议定书》，承诺2050年前温室气体减排60%。但1998年9月至2009年3月，澳大利亚的温室气体排放量平均每年增加1.6%。2020年，澳大利亚的碳污染程度比2000年严重20%。由此可见，澳大利亚的阶段性目标完成得不好。

（二）二氧化碳排放

在澳大利亚的二氧化碳排放中燃料燃烧占很大比例：2009年，燃料燃烧占二氧化碳排放总量的90%；1990—2009年，燃料燃烧产生的二氧化碳排放量增加了47%。能源工业特别是燃煤电厂的燃料燃烧碳排放量，在2009年占燃料燃烧碳排放量的60%，高于1990年的56%。截至2018年，澳大利亚全国二氧化碳排放量是有记录以来的最高水平。澳大利亚2018年碳排放量（不包括土地使用排放）达到5.569亿吨。按照目前的发展轨迹，澳大利亚将不会达到其在巴黎设定的10亿吨二氧化碳排放目标。

（三）颗粒物的排放

直径10微米（PM10）和直径2.5微米（PM2.5）的颗粒可以被吸入，会对人类和动物构成健康危害。颗粒物可以通过降低能见度来影响地区的美学和效用，会损坏建筑物、其他结构和植被。澳大利亚颗粒物排放状况见表 1-1。

表 1-1 澳大利亚颗粒物排放状况

单位：千克/年

排放源	PM10	PM2. 5
燃料或农业燃烧	240000	—
金属矿石开采	230000	4200
煤炭开采	220000	5500
风沙	190000	—
铺设道路	160000	—
发电	23000	9500
固体燃料燃烧	20000	—
机动车辆	12000	—
有色金属制造	9500	1400
其他非金属矿产开采	8100	160
建筑材料的开采	7400	210
水路运输	6900	160
黑色金属制造	5100	200
糖类制造	4200	2300
石油和天然气开采	2200	680
木材加工	1400	90

资料来源：根据相关资料翻译绘制。

人类的生产和生活活动会产生大量的废气、废水等，并不断排放到环境中，以及盲目开荒、滥砍森林、水面过围、草原超载，对自然资源不合理利用或掠夺性利用等，使环境质量恶化，生态平衡遭受破坏，生物种类发生改变。澳大利亚环境保护史上的“佛雷萨岛采矿风波”“富兰克林河保护运动”和“加比鲁卡反对开掘铀矿运动”三大著名环境事件，都是为了抑制环境破坏或坚决消除潜在的环境损害而发生的。在全民环保意识不断提高的背景下，澳大利亚政府开始重视环境保护，不断加强与创新环保措施，进行环境保护与治理。

二、澳大利亚环境保护主体及结构

澳大利亚政府分为三个级别，最高一级为联邦，第二级是 8 个州级政权，第三级为地方政权。澳大利亚是联邦制国家，中央与地方之间并不是绝对的领导和服从的关系，各州对自己州内的各项事务都享有很大程度的自治权。澳大利亚环境保护管理机构及结构如图 1-1 所示。

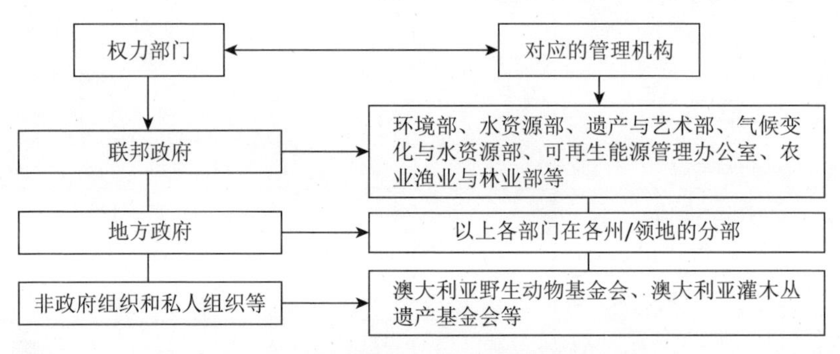

图 1-1 澳大利亚环境保护管理机构及结构

澳大利亚联邦政府和州政府在环境治理方面主要是通过协商实现的。联邦政府的主要任务是规划和管理国家一级生态环境，州政府和地方政府的主要任务是实施生态环境建设和保护，各级政府直接指导本级环保工作的实际运作。

澳大利亚有一个专门制定环境保护法律的行政机关——国家环境保护委员会。该委员会的主要职责是制定国家环境保护规制，包括国家环境保护标准、国家环境保护目标、国家环境保护指南、国家环境保护议定书。该委员会由联邦政府及各州政府、各领地指定的部长组成，下设理事会、其他理事会以及服务公司。具体执行环保法律的为州政府及领地政府。通过各级政府的分工协作以及国家环境委员会的协调合作，澳大利亚政府有效地履行了环保职能，保证了生态环境保护战略的有效实施。

三、澳大利亚环境保护标准

（一）国家燃料质量标准

2002 年 1 月 1 日，澳大利亚发布了首个国家汽油和柴油燃料质量标准，这是环保史上的里程碑。该标准的突出特点是禁止含铅汽油的供应，并降低柴油中的硫含量。该标准在《2001 年燃油标准（汽油）测定》和《2001 年燃油标准（汽车柴油）测定》中有规定。但在特殊情况下，汽油和柴油供应者根据紧急法律的指示或命令，可以供应不符合规定的燃料。

（二）《生物多样性和环境保护法》（简称 EPBC 法）

EPBC 法是澳大利亚政府的中央环境立法。该法律提供了一个法律框架，以保护和管理国家和国际重要的动植物群落、生态社区、湿地、遗产地和英联邦海洋区域。EPBC 法使澳大利亚联邦政府能够与各州政府一起提供环境和生物多样性保护，并且是确保澳大利亚履行其主要国际环境公约义务的法定机制。EPBC 法是基于风险级别分析来制定环境审批规定的“重大拟议活动或行业”的门槛。该法律可阻止可能对国家环境具有危害意义的拟议行动。任何组织的活动都要按照国家和地区环境评估和批准程序进行。

（三）2017 年产品排放标准法

《2017 年产品排放标准法》于 2017 年 9 月 11 日通过，新的排放标准于 2017 年年底实施，给了行业充分的时间转型。该法规定到 2019 年 7 月 1 日，向澳大利亚市场提供的任何新的非道路火花点火发动机和设备必须符合标准。

四、澳大利亚环境保护对策

（一）具备完善的环境保护法律体系

由于独特的地理环境和自然环境，澳大利亚早年间就启动了环境立法，并且是世界上第一批制定环境保护法的国家之一。早在20世纪60年代，澳大利亚政府就制定了一系列法律法规，其联邦政府、州政府以及地方政府都建立了符合本区域环保特点的生态环境保护法律和相关条例。所以，澳大利亚的环境保护法律既有单项立法，又有综合立法，已形成完善的法律体系。澳大利亚的联邦、州、市三级政府都有相应的法律法规。其中，联邦政府的环境保护立法有50多个，法律层面有《环境保护法和生物多样性保护法》《碳税法》《国家公园和野生生物保护法》《大堡礁海洋公园法》等，还有20多个专门的行政法规，如《清洁空气法规》《辐射控制法规》等。各州环境保护的法律法规多达100个，如维多利亚州的《规划与环境法》、新南威尔士州的《环境运营保护法》、昆士兰州的《石油天然气法》等。通过立法，澳大利亚基本把涉及环境保护的各行业和领域的环保管理部纳入了法治轨道。

1. “大环境法”模式

根据澳大利亚环境成文法的内容，其可分成以下四类：①有关环境规划和污染防治的法规；②保护自然遗迹和人文遗迹的法规；③开发、利用和管理自然资源的法规；④相关法规。澳大利亚宏观上制定了全面、详细、科学的环境保护法律法规，涵盖了国家社会生活的各个方面。虽然给人的感觉是范围大、内容散，但强调协调管理，体现的是对环境保护的重视，属于典型的“大环境法”模式。

2. 重预防的环境保护特征

我们可以用“防患于未然”来形容澳大利亚的环境保护法。很多法律条款实施的目的都是做好事前防范和控制，例如排污许可证、环境影响评价、污染企业自我监督等。

3. 执法能力强

澳大利亚关于环境生态保护的法律、法规以及相关条例都规定得非常具体且严密，基本把涉及环境保护的各个行业和领域都纳入了法治范围，避免了执法过程的随意性。

4. 处罚面广且严厉

为了严格执行环境保护法，澳大利亚所有州都有负责环境保护执法的环境警察，并给予他们很大的执法权和处置权。在澳大利亚，这样既可以有效避免执法过程中的不公平，也可以维护法律的权威。

（二）环境保护的财政政策

不断加大对环境保护的投入力度。2011—2018 年，澳大利亚每年的环保投入都接近 100 亿美元，其中，联邦政府每年用于生态环境保护的投入占全年财政预算的 10% 以上，州政府财政投入占到其全年财政预算的 20%。2018 年，澳大利亚联邦政府斥资 6000 万澳元，用于保护大堡礁。澳大利亚联邦政府环境与遗产部约有 500 名工作人员，各州环保部门的工作人员也都在 1000 人以上，这种充足的人力资源和资金投入，保障了环保部门在环境事务上的主导地位。

鼓励发展环保产业。澳大利亚许多环保公司拥有世界先进的技术，并活跃在世界各地。政府积极鼓励企业参与环保产业的研究与开发，对环保企业也给予大量税收优惠政策。

鼓励节约使用资源。澳大利亚当局鼓励企业减少水、电、气和其他资源的使用，更多地利用新的环保资源，并和开发商联合将建筑周边的空地建设成绿地、公园，以此来美化城市环境。政府通过和企业进行友好合作的方式使生态环境保护和经济发展基本形成了良性循环、协调发展的良好模式。政府制定了积极政策和鼓励措施，如鼓励机动车辆由燃油改造成燃气，改造每辆车需要 300~4000 澳元的费用，政府则给予每辆车 1000 澳元补贴。为解决城市缺水问题，昆士兰州鼓励居民使用明智的家庭节水方法。人们通过有关网站就可以查到相关信息和相关政策，这有助于居民更方便地实施节水计划。一些家庭利用这些信息购买和安装节水罐、双重冲水马桶、节水洗衣机等节水设备，这些节水措施的实施取得了比较明显的成效。

（三）环境保护的税收政策

20 世纪 80 年代，澳大利亚制定了促进环境保护的一系列税收法律，限制各类污染物的大量使用。1986 年，澳大利亚对化肥征税。虽然此举没有明显增加税收，但对化肥使用量有很大影响。这些与环境相关的税种统称环境税。澳大利亚的环境税大致可以分污染税、与环境相关的产品税、专门的环境保护税三大类。为鼓励环境保护和强化环境保护效果，澳大利亚制定了一系列税收优惠政策，并提出了一系列环保措施。

1. 澳大利亚的环境税

澳大利亚的环境税分为三类：

一是基于污染税角度分为两种：①针对废气征收的大气污染税。如二氧化硫税、二氧化碳税等。征收大气污染税的主要原因是矿石开发和企业排放。澳大利亚是一个“坐在矿车上”的国家，2005—2017 年，矿业公司缴纳的公司税和权利金累计为 2036 亿澳元。矿产资源的开发会产生大量的废气，澳大利亚规模比较大的 348 家企业需为其排放的二氧化碳缴纳碳税，单价为每吨 25. 4 澳元。②针对废水征收的水污染税。废水包括工业废水、农业废水和生活废水。污水处理费是地方政府的收入，且因地方政策差异而依据不同，有的地方政府以房地产价值为征税依据，有的地方政府则以房地产面积为征税依据。

二是基于与环境相关的产品税角度分为化肥税和塑料包装袋税。澳大利亚对化肥征税，显著影响化肥使用量；澳大利亚每年使用塑料袋 69 亿个。

三是基于专门的环境保护角度分为垃圾税和森林砍伐税。澳大利亚的每个城市都建立起了较为完整且科学的废物处理系统，并实行专门的垃圾收集制度。从澳大利亚垃圾回收利用减少的花费中获得的经济利益使城市家庭平均每年大致获益 10 美元，地方家庭平均每年受益 3 美元。

2. 主要的税收优惠政策

澳大利亚主要的税收优惠政策包括：①为保护海洋环境，对远洋捕鱼给予税收优惠；②通过减免农场主所得税，促使农场保护树木（植树、不伐树）和水资源，保持生态平衡；③对减少二氧化碳排放量的企业给予税收优惠；④旅游企业保护森林，进行环境治理，如收集垃圾等，政府对其给予相应的税收减免；⑤对减少二氧化碳排放量的企业给予税收优惠；⑥通过减免所得税的形式，鼓励个人、法人节约用水、有效用水。

（四）建立环保信托基金

自 1990 年以来，澳大利亚联邦政府制订了系列区域生态系统保护计划。1997 年，澳大利亚环境部和农牧部共同成立了自然遗产保护信托基金，总预算为 15 亿澳元。该信托基金的一项重要目标是为自然环境保护提供资金支持。2003—2008 年，政府和社会团体投入的环境信托资金情况见表 1-2。

表 1-2　2003—2008 年环境信托资金资助项目总数及总金额

年份	政府机构		社会团体	
	项目数	总金额（万美元）	项目数	总金额（万美元）
2008	8	58.74	10	65.52
2007	10	49.63	11	51.06
2006	10	58.24	11	62.27
2005	11	60.31	10	50.84
2004	11	62.28	10	50.69
2003	7	48.59	8	53.2

资料来源：王元楣，王民. 澳大利亚的环境教育立法：以新南威尔士州环境教育相关立法为例 [J]. 环境教育，2009（11）：17—20.

信托基金支出的显著增加在环境保护中起到的作用不断加大。2015 年，澳大利亚政府承诺投资 20 亿澳元（约 15.5 亿美元）用于今后 10 年在大堡礁及附近海岸地区的研究和管理，并承诺建立 4000 万澳元（约 3108.4 万美元）的大堡礁信托基金，用于提高水质。昆士兰州政府投入 3500 万澳元（约 2719.9 万美元）用于提高水质，并承诺今后 5 年将再投入 1 亿澳元（约 7771 万美元）用于水质改善、科学研究、帮助农业和渔业企业环保转型。

（五）构建全民参与的环境保护机制

澳大利亚良好的生态环境，除了政府的高度重视和企业的积极配合以外，公民和社会团体组织的参与是不可或缺的一部分。20 世纪中叶，澳大利亚遭受了因土地使用不当造成的大规模荒漠化。20 世纪 70 年代初，环境保护得到推进，公民环境保护意识提高。

1. 加强环保教育

澳大利亚从小学开始就设立了环保课程，希望通过多种多样的教育形式，进一步提高公民生态文明素质。

2. 大力推行社区环保行为

澳大利亚积极开展社区环境保护工作，使公民充分认识到保护环境与自身利益息息相关。公民不但自觉遵守当地的各项环境保护法规条例，并且有意识地去美化自己周边的环境。民众也会积极配合当地政府在自家房屋周围规定的花园里，按照统一的规划和要求对植物进行栽植和管护。居民也会定期参加政府举办的一些与园艺种植有关的休闲活动。

3. 公民的环境保护素养高

公众良好的生态文明和环境保护意识在澳大利亚生态环境保护中发挥了积极有效的作用。澳大利亚公民不但自觉遵守当地的环境保护法律法规条例，并且有意识地去美化自己周边的环境。公民良好的环境保护素质和意识促成了各种与环保有关的民间组织和活动。他们一方面积极要求政府及各领域各行业的管理部门在制定各项政策时充分体现环境保护理念；另一方面，利用各种形式的活动，宣传环境保护的重要意义，倡导民众爱护自己赖以生存的家园。

（六）提供“一站式服务”政策，改善不利于环保的营商环境

澳大利亚政府致力于为环境审批提供“一站式服务”，根据国家环境法授权国家和地区规划系统，制定“一站式”环境评估和审批流程。“一站式服务”政策旨在简化企业的审批流程，使政府部门尽快出具审批结果，并改善澳大利亚的投资环境。

五、澳大利亚环境保护对我国的启示

澳大利亚不仅经济发达，而且是世界上环境质量较好的国家之一。我国总体上处于高排放平台期，对地下水、土壤的破坏非常严重，生态系统十分脆弱。我们应该集思广益，充分吸取其他国家行之有效并适应本国国情的相关环境保护的方法和措施。

（一）环境保护法制化

澳大利亚环境保护法因地制宜，除了联邦政府颁布的有关环境保护的各项法规外，各州及地方都按照本地的环境条件和属性进行立法。因地制宜的立法特点，使各地方都能全面地进行环境治理和保护。

我国可以借鉴澳大利亚在环境方面的立法和执法经验，进一步健全环境保护法制体系。澳大利亚的环保执法力度非常大，基本将涉及环境保护的各行业和各领域都纳入了法治监督范围，还设有专门针对违反环境保护法的环保警察和法院，保证政府的一切执法行为都是公开透明的。我国也可全面推行环境信息公开制度，建立阳光环境监督执法体系，防止环境监督执法的腐败。

（二）治理主体多元化

多元化的治理体系和人民的普遍参与是生态环境治理和保护的基础。澳大利亚政府在多元治理方面具有很多经验。首先，澳大利亚人民整体生

态环境保护意识非常强，生态文明素质也很高。其次，政府通过各种方式鼓励公民积极参与环境保护行动，并且非常重视青少年的环保教育，落实“环境保护从娃娃抓起”。最后，澳大利亚有许多民间环保组织和环保协会，尤其注重社会信托基金组织在环境保护中的作用，他们致力于环境保护事业，并发动大量的志愿者积极地投入这一事业中，从而为政府分担了环境保护方面的经济压力。我国可通过开展生态文明教育，提高公众的环保意识，鼓励环保教育走进中小学课堂，从而提高全民的生态文明素质，进而更好地发挥公众在环保工作中的基础性作用。同时，政府也可鼓励并扶持民间环境保护机构，让民间团体成为环境保护的重要力量，使更多人参与环境保护。

（三）生态环境保护统筹化

澳大利亚在生态环境保护统筹发展方面做得较为成功。政府之间、城乡之间、区域之间有基本的政策对接、统一的规划和良好的合作关系。近年来，我国各级政府生态理念和科学发展意识进一步增强，更加重视生态环境保护和生态环境建设，但需要进一步加强生态建设规划和提高生态环境保护统筹发展能力。特别是城乡之间、区域之间还存在不衔接、不协调的状况，影响了环境保护的统一秩序和工作效率。因此，要增强生态建设的科学性和前瞻性，突出生态环境保护的系统性和协调性；要坚持以人为本，尊重自然规律，按照城乡统筹、合理布局、因地制宜、适度超前的原则，科学制定和实施城乡规划，真正做到规划先行，以科学规划统领科学发展；要在坚持生态建设规划的科学性、创新性、系统性的基础上，力求生态建设规划的可行性和可操作性；要形成统一、协调、高效的联动机制，确保生态建设的区域统筹。

（四）设定日常生活垃圾税

我国各城市都建有废物处理系统，并实行专门的垃圾收集制度，建议该项支出由垃圾制造者承担。一方面增加日常垃圾制造成本，提高公众的环保意识；另一方面促使家庭减少日常生活垃圾边际增量。

（五）技术援助国际化

澳大利亚的环境保护技术在世界上是一流的，但往往以知识产权保护为由阻碍环境保护技术向发展中国家转移。近年来，澳大利亚进行产业升级，将严重污染环境的行业转移到发展中国家，给发展中国家带来了严重的环境问题。许多发达国家都抱着这种态度自私地发展本国的经济，而不是着眼于全球的环境保护。

我国作为生态环境破坏较为严重的发展中国家之一，更加需要先进环保技术的支持，所以我国不但要积极地与发达国家达成环境友好协议，引入先进技术，更应该提高自主创新能力，针对我国国情研发有利于生态环境保护的新科技，从而实现环境保护的总体目标。

参考文献

［1］何隆德. 澳大利亚生态环境保护的举措及经验借鉴［J］. 长沙理工大学学报：社会科学版，2014（6）：48-52.

［2］高正文. 有效的环保监管，良好的环境质量：澳大利亚环保考察印象［J］. 环境科学导刊，2006，25（a1）：1-5.

［3］Luenberger D G. Benefit Functions and Duality［J］. Journal of Mathematical Economics，2004，21（5）：461-481.

［4］李晖. 澳大利亚生态环境保护的经验与启迪［J］. 广东园林，2006，28（4）：43-45.

［5］沈满洪，谢慧明. 公共物品问题及其解决思路：公共物品理论文献综述［J］. 浙江大学学报：人文社会科学版，2009，39（6）：133-144.

［6］王金南，蒋洪强，刘年磊. 关于国家环境保护“十三五”规划的战略思考［J］. 中国环境管理，2015，7（2）：1-7.

［7］石峰，黄一彦，张立，等. “十三五”时期我国环境保护国际合作的形式与挑战［J］. 环境保护科学，2016，42（1）：12-15.

[8] 蔡雯. 澳大利亚国家环境保护委员会制度初探 [J]. 绿色科技, 2014 (6): 207-209.

[9] P. Diamond. Public Finance Theory Then and Now [J]. Journal of Public Economics, 2022, 3 (86); 311-317.

[10] 詹姆斯 · M. 布坎南. 公共物品的需求与供给 [M]. 马珺, 译. 上海: 上海人民出版社, 2009.

[11] 王元楣, 王民. 澳大利亚的环境教育立法: 以新南威尔士州环境教育相关立法为例 [J]. 环境教育, 2009 (11): 17-20.

[12] 唐敏杰, 刘萍. 西澳大利亚州矿产投资环境分析及政策介绍 [J]. 矿产与质, 2013, 27 (5): 432-436.

[13] 中共中央宣传部. 习近平总书记系列重要讲话读本 [M]. 北京: 人民出版社, 2014.

第二章　加拿大环境保护对策与借鉴

加拿大位于北美洲最北端，东濒大西洋，西临太平洋，北濒北冰洋，西北部与美国的阿拉斯加州接壤，南接美国本土，面积约998万平方千米，是世界上海岸线最长的国家。加拿大曾连续七年被联合国评选为最适合人类居住的国家。加拿大地貌呈西高东低状，西沿太平洋的落基山脉，中部为大平原；主要河流有马更些河、育空河和圣劳伦斯河等；著名湖泊有大熊湖、大奴湖、休伦湖、安大略湖等，是世界上湖泊最多的国家之一。加拿大地域辽阔，拥有森林、矿藏、能源等资源。加拿大的森林覆盖面积占全国总面积的44%，仅次于俄罗斯和巴西，居世界第三位。加拿大在环境保护方面取得的成就令人瞩目，形成了联邦政府主导、各部门协调推动、企业公众积极参与的环境污染治理总框架。

我国与加拿大存在一定的相似性。我国领土面积广阔，资源丰富，但是在经济飞速发展的同时，环境问题逐渐凸显。雾霾天气多发、土壤污染、危废物处置以及农村环境污染等问题突出，祁连山、长白山等重大环境污染破坏事件层出，大气污染、水污染等诸多弊病都为我们敲响了警钟。习近平总书记说：“绿水青山就是金山银山，要像爱护眼睛一样爱护绿水青山。”打赢绿水蓝天保卫战，是当前一个时期的重要工程。

加拿大作为一个历史悠久的工业化国家，历来重视环保工作。深入分析加拿大环境治理成功的原因，总结加拿大在环境治理方面的经验，可以为我国的环境保护工作提供一些有益的启示。

一、加拿大环境保护的主体及结构

加拿大拥有完善的多方参与合作的环保治理机制。环境是一种公共资源，环境问题不能只靠国家单方面解决。加拿大在环保实践中形成了政府、企业、公众三者相互配合、共同参与的环保层级结构。

（一）加拿大政府环保主体——环境部

环境部是加拿大负责环境保护的政府部门，其宗旨在于保护和提高自然环境品质，执行国际联合委员会的规定，协调加拿大政府关于保护并提高自然环境的政策与方案等。环境部辖有数个组织，如加拿大气象局执法分部、环境管理局等，分别负有不同的职责。

加拿大是一个联邦制国家。加拿大宪法分别规定了联邦政府和各省政府的权力和义务，各省政府根据宪法授予的权力履行职责，而不是根据联邦政府的授权。具体到环境保护领域，环境保护职责由联邦和省政府共同承担，省际与国际的职责争议由联邦政府裁决，自然资源的保护则是各省与各地区的职责。

加拿大环境保护部门拥有协调统一的机制体系。一是采用理事会协调机制。当遇到重大环境问题时，以加拿大环境部长理事会（CCME）为代表的理事会协调机构通过其常设执行机构与规章制度，使各成员以协商的方式达成共识，避免各自为政，造成环境问题扩大化。二是以协商共识为原则成立协调机构。协调机构并非一个具有强制执行力的国家机关，其建立的目的是给成员提供讨论环境问题的时间、场所、方式。因此必须充分尊重各成员的利益请求，不得将未达成共识的结果强加于人。与此同时，积极采取各种措施保障各成员具有平等协商的渠道和方式，使各成员地位平等，均能通过协调机制表达己方意见，为达成共识建立基础。三是鼓励非政府组织的积极参与。跨部门合作主要是政府部门间的协商讨论，但环保组织的积极参与会对协调机制的健全提供便利，鼓励其参与跨部门合作，有利于政府部门发现新问题，弥补原有政策的不足。四是以环境协议为依托。通过理事会协调机制展开跨部门合作的方式对成员约束较少，因此需要有个统一的规范以明确各方权利义务，这就是各方签订的环境协议。各方在开展环境讨论时，可自由发表不同意见，而一旦双方达成共识，签订环境协议，则具有了法律约束力，各方必须严格履行。多部门之间的协同合作，使得各方分工合理、权利义务关系明确。更重要的是，之前相互独立的各部门有了一个统一的协调机制，按照程序通过平等协商解决产生的各种环境问题，从而带来更好的决策和结果。

（二）企业积极发展环保产业

环境保护是一项全民责任，既需要政府环保部门的合理分工，也需要社会各界的共同支持。一方面，环保组织应当发挥重要作用，在其职责范围内履行自身的环保职责；另一方面，企业应当在国家政策支持下，积极发展环保产业，以达到经济发展与环境保护的平衡。

在实际生活中，经济发展与环境保护经常会发生冲突。在现代社会，片面强调某一方面都不符合社会发展的需要，因此，在两者间找到平衡便成为关键。发展环保产业就是这样一条道路。在加拿大，环保产业已经成为经济社会发展的支柱产业，其在创造良好经济效益的同时，改善了自然环境，获得了生态效益。

加拿大的环保产业已在国际上居于领先地位，具有发展迅速、规模庞大、聚集大量高素质人才等特点。尤其值得注意的是，中小型企业在环保产业中占据主体地位，在企业数量、企业收入以及就业比重方面占有很高比例。环保产业是朝阳产业，对于科技创新与员工素质都有极高要求，鼓励中小企业发展环保产业，有利于扩大环保产业的范围，加快转变经济发展方式。

（三）公众的广泛参与

“保护环境，人人有责”。这句我们习以为常的标语在加拿大的环保工作中也得到了充分体现。加拿大公民自小便接受环境教育，在一些教师看来，这不仅仅是一门课程，更是一种基于道德的使命。在这种理念倡导下，加拿大公民自小便培养了环保意识，为今后广泛参与环保活动奠定了基础。

由于环境问题关乎每位公民的切身利益，因此在制定环境法律政策的过程中，必须征求广大公众和利益相关者的意见，让他们积极主动地参与决策。需要明确的是，公众参与并不意味着其拥有决策权，在环境利益与私权利的冲突中，政府仍是决策者。加拿大政府发动公众 广泛参与，一方面是为了增强政府与公众之间的信任，通过共同讨论的方式广泛吸收民意，制定符合公民和社会利益的政策；另一方面也可以缓解公民不满情绪、减少公民与政府之间的冲突，避免发生恶性事件。加拿大环境保护的一大特点就是将公众的参与贯彻到环境保护政策的实施中来。

二、加拿大环境保护的标准

（一）环境审计标准

规范的环境审计标准奠定了环境审计基础。加拿大的审计标准除了环境管理法律法规外，还有较为完备的、用于指导环境审计流程的标准，具体包括国际标准组织制定的《审计管理系统指南》（ISO 19011-11），加拿大标准协会制定的《合规性审计标准》（CSAZ773-03）、《环境影响评价和环境管理系统认证标准》（ISO 14001）。这些标准包含 EMS 审计、合规性审计、尽职调查审计、质量审核、能源审计、废物审计、温室气体核查、水和流程审核等审计类型。如在环境管理系统（EMS）的审计中，ISO 14001 标准规定了范围，ISO 19011-11 标准规定了方法。

（二）污染物排放标准

在各种污染物排放标准方面，加拿大环保部门除了制定限制标准外，还对取样的方法进行了说明和规范，统一了测量方法，让排放标准有了可测量的标准状态，有利于更好地统一和测算企业的污染物排放情况。除此之外，加拿大环境部还制定了《有毒物质清单》，明确列明了各项有毒物质，详细和规范地向各企业与公众发布。

1. 汽油标准

加拿大的汽油标准与美国的执行标准相同。美国目前关于汽油的标准包括美国材料与试验协会（ASTM）的 D 4814-2003 标准、美国 22 州新配方汽油标准和加州 CaRFG3 标准三种。这三类汽油规格标准中，ASTM 标准最为宽松。ASTM D 4814-2003 要求，汽油硫含量不大于 1000μg/g，对苯含量、烯烃含量和芳烃含量则没有限制。加州标准最严格，要求美国加州现行汽油质量指标执行硫含量不大于 15μg/g、苯含量不大于 0. 7%、烯烃含量不大于 4. 0%、芳烃含量不大于 22%、蒸气压不大于 48. 3kPa 的标准。就加拿大、欧盟、中国汽油各项指标来看，加拿大所执行的北美标准更加严格、质量更高，具体见表 2-1。

表 2-1 北美（加拿大）、欧洲、中国汽油排放主要指标对比

指 标	北美（加拿大）	欧洲	中国
烯烃含量（V%）	11	<18	24
芳烃含量（V%）	20	<35	40
苯含量（V%）	≤0. 7	<1	<1
铅含量（g/L）	<0. 005	<0. 005	<0. 005

资料来源：根据加拿大司法法律网站相关内容整理。

从表 2-1 中可以看出，中国、北美（加拿大）和欧洲汽油主要指标呈现中国>欧盟>北美（加拿大）的顺序，北美（加拿大）标准最为严格。

2. 汞的排放

工厂释放到空气中的汞量不得超过每天每千克的额定容量 5g。汞不得直接从罐中排放到空气中。排放到空气中的汞总量不得超过每天 1. 68 千克。①

3. 氮氧化物和甲烷的排放

2014 年及以后的示范年份的 2B 类及 3 类重型车辆及驾驶室完整车辆，

① 加拿大司法法律网站，氯碱汞排放规定。

除规定的职业车辆外，二氧化氮（N_2O）排放值不超过 0.05g/mile 或甲烷（CH_4）不超过 0.05g/mile。① 此外，现代锅炉氮氧化物排放标准见表 2-2。

表 2-2 现代锅炉氮氧化物排放标准

化石燃料	热效率	氮氧化物排放强度极值（g/GJ）
天然气	<80%	16
天然气	≥80%，≤90%	16+（锅炉热效率-80）/5
天然气	>90%	18

资料来源：根据加拿大司法法律网站内容整理。

4. 城市垃圾回收标准

加拿大对垃圾实行分类回收制度，蓝色垃圾桶用于放置可回收垃圾，绿色垃圾桶用于放置果蔬、鱼、肉等有机垃圾，黑色垃圾桶用于放置不可回收垃圾。所有电子产品要放置在离垃圾桶 50 厘米远的地方，且要靠近马路。在垃圾回收费用方面，对蓝桶、绿桶垃圾实行免费回收，对黑桶垃圾实行有偿回收，根据垃圾桶大小，收取不同的费用。其中，中号桶每年收费约 48 加元，大号桶每年收费约 145 加元，特大号桶每年收费约 205 加元。

三、加拿大环境保护对策

（一）日趋完善的环保法律制度

加拿大对环境问题一直十分重视，相关的法律法规也日趋完备，已建立了一套以《加拿大环境保护法》（CEPA）为核心的环境保护法律体系。

CEPA 的目的是减少环境中的有害物质，使污染控制成为国家努力的核心：它鼓励更大范围的公民投入决策过程中，允许与其他政府更有效地合作和建立伙伴关系。CPEA 建立了可持续发展、污染预防、实质消除、

① 加拿大司法法律网站，重型车辆和发动机温室气体排放标准。

生态系统方法、预防原则、政府间合作、国家标准、污染者付费、以科学为基础的决策这九项核心原则，在政府的行政管理中充分发挥了指导作用。

（二）公众参与评价制度

在加拿大环境评价制度中，公众参与评价具有十分重要的地位。公众参与评价能使公民发出自己的声音，是环境保护最实质有效的建议来源、是环境立法的基础。

公众参与的方式有多种，主要包括：①访问加拿大环境评价署的官方网站来了解相关信息；②通过环境评价署的参与者资助资金项目，或者责任机关的参与者资金资助项目实现参与环境评价；③在环境评价署有关计划项目的环境评价报告截止日期前，利用包括评价审查报告并提出意见在内等多种方式参与项目审查；④通过参加任何与审查小组有关的公众集会或听证会的方式参与环境评价等。

加拿大公众参与环保事业比例高，特别是无薪参与环保事业的家庭比例很高，具体见表2-3。

表2-3 加拿大家庭参与环保事业的比例 %

项目	2013年	2014年	2015年
个人从事以保护环境或野生动物活动为目的的无薪工作	67	68	70
参与团体或组织开展的无薪保护环境或野生动物的活动	53	54	54
仅参加一个无薪的保护环境或野生动物的组织	32	32	29
参与无薪清理海岸线、河流、海滩、湖泊或路边活动	42	41	40
无工作的个人参与保护环境或野生动物的活动	77	77	79

资料来源：根据加拿大统计局：加拿大家庭与环保事业统计资料整理。

（三）对可再生能源企业进行补贴

1. 对可再生能源发电企业进行补贴

加拿大安大略省2009年开始实施FIT项目，规定安大略省电网系统将以固定的价格收购符合要求的太阳能、风能、水能、生物质能、沼气能等所发的电力。

2. 对生产节能产品的企业进行补贴

LED 灯具产品只要获得“能源之星”认证，消费者在选购时就能够以补贴价格直接购买。除已经被“能源之星”认证的 LED 光源产品可享受补贴外，室内照明灯具可通过申请 DLC 认证来获取补贴。加拿大是世界上 LED 补贴政策实施最成功的国家之一。

（四）税收调控体系健全

1. 碳税

碳税指针对二氧化碳排放而征收的税。碳税的征收是为了通过减少二氧化碳的排放量来减缓全球变暖。加拿大不列颠哥伦比亚省在 2008 年 2 月 19 日公布的 2008 年度财政预算案中规定，从 2008 年 7 月起开征碳税，对包括汽油、柴油、天然气、煤、石油以及家庭暖气用燃料在内的所有燃料征收税率不同的碳税，并且未来 5 年内，对燃油征收的碳税还将逐步提高。2016 年加拿大前总理特鲁多宣称，2018 年联邦政府将在全国范围征收碳排放税。加拿大碳税的最低收费标准为每吨 10 元，2022 年将上升到每吨 50 元。

2. 基于化石燃料征收的消费税

该消费税主要包括对汽油、柴油和航空燃油征收的联邦消费税，阿尔伯塔省、魁北克省的动力燃料税。这种消费税计税依据与征收方式和碳税类似，但征收范围比碳税窄。通过化石燃料消费税的调节，天然气替代了大量的化石能源，极大地保护了加拿大环境，加拿大能源消耗情况见表 2-4 和图 2-1。

表 2-4　2009—2016 年能源消耗情况表　　单位：PJ

年　份	天然气	电力	木材	废浆制浆	其他
2009	536	611	171	191	536
2010	611	623	181	200	528

续表

年　份	天然气	电力	木材	废浆制浆	其他
2011	649	621	180	198	530
2012	670	602	174	203	489
2013	706	606	175	195	457
2014	703	605	178	200	455
2015	679	598	186	213	436
2016	675	621	161	200	436

资料来源：根据加拿大统计局 2016 年制造业的能源消耗资料整理。

注：1PJ 约为 32905 亿方。

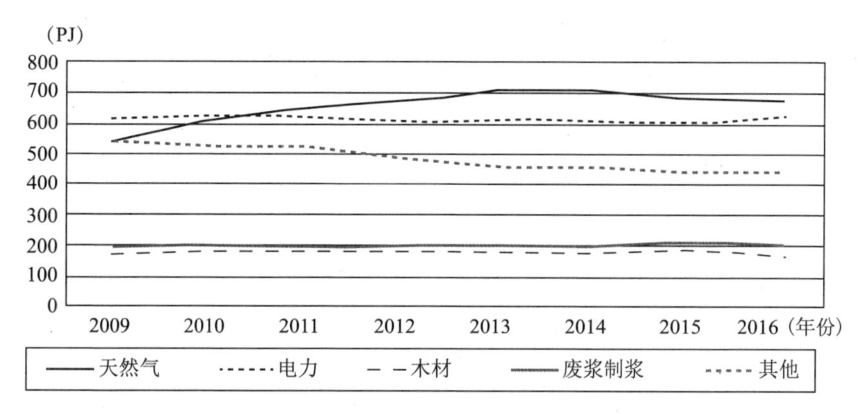

图 2-1　2009—2016 年能源消耗情况

资料来源：根据加拿大统计局 2016 年制造业的能源消耗资料整理。

3. 对特定产品征费或收取押金

在销售饮料时，向消费者征收环保费并收取一定的押金。对每个瓶子征收 0. 05~0. 30 加元不等的押金，押金在归还空瓶时予以退还，但是环保费不予退还。该项环保费被用于处理一次性饮料容器。这种措施可以减少乱扔包装物的现象，能够保护环境和推动资源重复利用，在一定程度上减少了容器的使用和废物的产生。在购买空调时，购买者必须交一部分额外的环境税。因为使用空调会污染环境，并且消除这种污染是需要财政支出的，所以每一台空调的价格都包含了环境税。

4. 所得税抵扣制度

在加拿大联邦税法中，有些规定鼓励纳税人投资有关环境保护的项目与设备。对投资这类项目而产生的成本可在计算企业收入时适当抵扣。例如，可以采用加速折旧法对降低能源消耗、减少空气污染和水污染的设备予以抵扣，以减少企业纳税。

5. 关税的有效调节

加拿大在其边境对进口货物征收范围广泛的关税。从 1998 年 1 月开始，加拿大实行国际商品统一分类制度（harmonized system）征收关税，其海关对各种进口货品课征标准依产地不同而有所差别。例如，车辆进口关税，加拿大对有资格进入加拿大的车辆征收关税、消费税、货物和服务税（GST）。对汽车整车征收 16.7%的关税，对于其他汽车制品规定不同的税率。同时，加拿大对于进口具有空调机组的车辆，额外征收 100 加元消费税，并在 2007 年 3 月 19 日后对车辆的加权平均燃油消耗量为每 100 公里 13 加仑或更高时，征收额外的消费税（绿色征费）。

除设置关税和绿色征费外，加拿大还有《进出口许可法》，设立了《出口控制清单》和《地区控制清单》，分别对需要流量控制的部分特定商品进行管理。《出口控制清单》中的所有产品都需要出口许可。加拿大政府会不定期修改《地区控制清单》，出口到这些地区的所有产品都需要获得出口许可。

（五）对环境保护的基金投入

加拿大政府在能源再生、污染物回收、濒危物种保护、沿海及流域地区的重建和已破坏地区的修复等方面设立了多样性生态项目基金和生态治理基金。基金来源包括政府财政支出、非营利机构和公众的捐款，用于破坏地区的生态修复和改善环境技术的研发。加拿大可持续发展技术基金（STDC）是加拿大政府于 2001 年设立的重点资助和支持清洁技术开发与利用的非营利基金，该基金的投资领域非常广泛，包括能源开发利用、交通、电力、农业、森林、造纸和废物回收再利用等。在基金使用方面，加拿大政府有明确的规定，要求对每个项目提供至少 25%但不高于 50%的资助，且受资助项目必须同时具备市场需求和生态效益。加拿大政府对于环境保护的投入情况如图 2-2 所示，这些投资只是引导性投资，目的是鼓励更多企业和社会组织及公众群体共同促进环境保护产业的形成与发展，扩大环境治理和预防的资金来源，形成宽领域、多层次的投资格局。

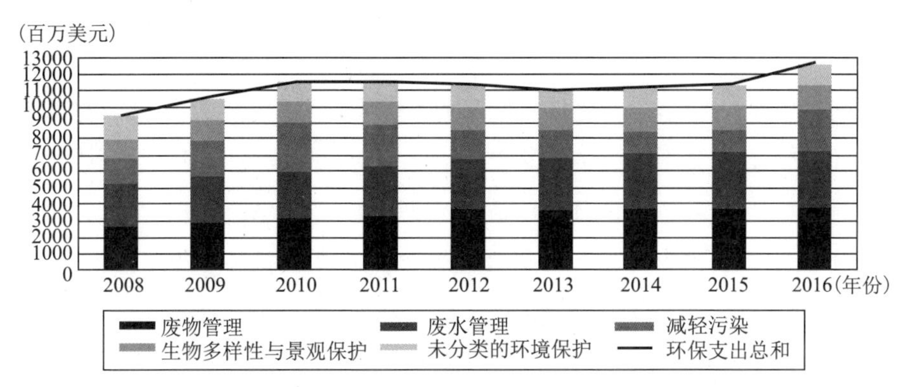

图 2-2　2008—2016 年加拿大各环保类别政府投入情况

资料来源：加拿大统计局。

四、加拿大环境保护对我国的启示

加拿大的环境保护经验为我们提供了有益的启示，如何与我国国情相结合，是我们应当重视的问题。本书认为，处理好我国环境保护的问题可从以下几个方面入手：

（一）建立并完善多方参与合作治理的制度

1. 建立跨部门或跨域环境合作机制

我国环境职能分散于多个部门，部门间权责不清，部门协调缺乏制度保障，导致难以实现环境监督管理的统一协调。因此，我国环境管理必须改变各部门各自为政的局面，尽快建立跨区域或跨部门合作治理机制，设立跨部门环境治理协作机构，在通过协商达成共识的基础上，做出最合理的决策。另外，要充分发挥非政府公益组织在环保工作中的重要作用，使政府与社会在环境保护方面的工作趋于和谐一致。

2. 将公众参与原则贯彻到环保工作的各领域

加拿大的跨界合作模式具有明显的多中心自主治理色彩，社会公众是其中不可或缺的一环。虽然我国现行的环保法将公众参与制度列入其中，但是仅指明公民有权向行政部门举报，并没有引导公众直接参与保护环境活动。公民不仅应当做环境保护的监督者，更应做环境保护的参与者和亲历者。现阶段，可以通过宣传引导和适当的物质奖励，引导公众自觉参与环境保护建设，如对违法企业的举报，可依据被举报企业违法数额给予举报人奖励。更重要的是，对于自愿参与维护生态安全的单位和个人，给予政策扶持。让公民自觉参与环保公益事业，形成全民参与的环保新局面；同时充分发挥公益环保组织的作用，在做好统一监管工作的同时，鼓励环保公益组织的创新发展，协助政府打赢绿水蓝天保卫战。

（二）强化环境审计制度，提升审计监督质量

当前，我国环境审计工作存在审计力量相对不足、国家环境管理法规不完善、缺乏完整的环境审计评价体系和相应的审计技术方法、审计人员专业素质跟不上环境审计需求、环境审计覆盖面不广等困难，建议从以下方面改进：

1. 加快环境审计立法，推动审计对环境的监督

《审计法》规定，国家审计部门负责监督国家机关和国有企事业单位的经济活动。因此，对于公共物品的环境问题，其审计由国家审计部门执行是合理的。《审计法》中关于环境审计的内容少之又少。因而，应当及时完善相关法律法规，明确审计机关的权责，由审计机关对环境政策的执行以及相关资金的运动实施监督。

2. 多种审计主体有机结合，加强环境审计队伍建设

2008 年以后，国家审计署越来越重视环境审计工作，修改了审计工作发展五年规划，环境审计首次成为国家六大审计类型之一。但是，我国的环境审计刚刚起步，审计机构的数量和质量有待提高，社会审计机构对于环境的审计重视不足，绝大部分社会审计机构没有参与环境审计工作。政

府的审计机构需要与社会审计机构加强合作，通过借助社会审计机构这个“外脑”，提升环境审计水平。逐步引入内部审计和社会审计，促使各种审计主体能够有机结合。

3. 制定审计标准，加强环境审计工作规范化建设

加拿大除制定严格的法律法规外，还建立了比较完善的环境审计管理系统指南和环保合规性审计标准。目前，我国颁布了《中华人民共和国环境保护法》《中华人民共和国环境影响评价法》《中华人民共和国水法》《中华人民共和国水污染防治法》《中华人民共和国水土保持法》等环境管理法律，规定政府需要采取必要的措施确保环境保护资金合规使用，不被非环境保护项目挤占、挪用。但是没有一部法律明确说明环境审计的标准和制度，因而环境审计立法工作急需高效开展并要明确以下内容：①明确审计机关进行环境审计及调查的法律地位；②明确环境审计工作内容和范围；③明确审计机关开展环境审计时的审计权限。这些举措能够确保审计机关在进行环境审计工作时有法律依据。除此之外，环境审计部门应当借鉴加拿大环境审计经验，研究制定符合我国实情、科学、客观且具有可操作性的环境审计工作规范，包括重要性水平确定、风险评估、内部控制测试等内容，为审计人员提供评价依据。

4. 加大培训力度，建设环境审计专业化队伍

环境审计不仅与环境管理学相关，也与审计学相关，有很强的专业性和技术性，需要相关审计人员在理论和实践上具有一定的知识水平和操作能力。目前审计人员多是会计专业和审计专业出身，拥有环境类专业学习背景的人才较少，因而审计人员普遍缺乏必要的环境审计专业知识和技能，与环境审计所要求的专业素质还有一定差距。因此，当前我们应当加大环境管理、环境保护相关法规政策和知识的教育培训力度，开展引进拥有环境管理背景的技术人才的相关工作，加强环境审计队伍的专业化建设。

（三）建立和完善新能源补贴制度，形成多税统一的环保税制体系

1. 建立以环保税为主，多税种为支撑的综合性环保税体系

从加拿大的经验来看，环保税体系不是单一税种可以建成的，各税种都有对环境保护方面的规定。因此，我国的环保税制建设不应只注重一点，而应该以环保税为中心，以消费税、城建税、企业所得税、车船使用税、关税等税种为支撑，建立多结构综合性的环保税制体系。消费税中，更多的消费品应当纳入征收范围。严重破坏环境的氟利昂制品、塑料制品、煤炭等能源物品均应纳入消费税的征收体系。对于塑料包装物可以借鉴加拿大征收押金的方法，督促消费者回收利用塑料包装物，减少随意丢弃行为。在企业所得税方面，可以借鉴加拿大的经验，对于投资用于环境保护的项目与设备建设成本可适当抵扣收入，对节约能源、减少空气污染和水污染的设备采用加速折旧法以减少企业纳税。除此之外，建议对高污染企业加大税收征收和监管力度，使高污染企业通过转型升级等举措清洁生产。在城市垃圾回收方面，补充完善城建税的职能，通过对垃圾定额收费，做到污染与付费相统一。

除此之外，可以对环保体系内的多种税收收入进行统筹管理，更好地用于环境的保护和治理，体现专款专用，真正做到税收取之于民，用之于民。

2. 建立中央与地方共享、部门统筹的税收制度

从现实来看，环保问题不单单是一个地区的问题，环境污染已经出现跨区域的特性。一个地区的污染往往与其他地区污染因素相关。或者可以说，一个地区的主要污染就是本区域以外的因素转移而产生的。因此，需要各地区协同合作。从治理机构来看，建立多部门合作的管理体系需要有相应的资金支持。环境治理需要大量的资金，但是一个地区的环保资金可能不足以支撑本地区的污染治理。此外，部门之间的合作也需要统一的资金安排，做到资金的高效利用，避免出现某些部门资金宽裕而其他部门资

金不足的情况。不仅要将环保资金做到中央地方共享，地方预留一部分，中央统筹返还一部分，按照各地环保工作的需要，中央对地方补助；还要对各机构的环保资金做出统筹规划，建立资金池，让资金活起来，以保证各部门有效发挥作用。

3. 坚持新能源补贴，促进新能源产业发展

现阶段，我国新能源产业发展还不是很完善。新能源汽车等环保产业发展程度还有待提高。我们应坚持对新能源汽车进行一定程度的补贴，以新能源汽车的增加来减少汽车尾气的排放。同时，要深化“煤改气”的进程，通过适当的补贴推动消费者将天然气作为主要的生产生活能源。对于绿色产业，可以继续扶持，以促进绿色产业健康发展，推动经济产业结构调整，让经济健康良性地持续低消耗、低污染发展。

（四）设立多样化的政府环保基金，并制定环保基金的投资使用规范

政府环保基金设立的目的是在弥补市场失灵的同时，通过政府推动绿色产业的发展，促进环境保护技术的创新，鼓励更多组织或个人加入环保产业建设中，不断吸引更多社会资本。政府环保基金的设立既可以由政府单独发起，也可以由政府和金融机构或企业共同发起。由于环保基金多为无偿使用，因此要加大对申请项目的核实调查，严格规范环保基金的使用额度、领域和对象。一方面建立健全完整合理的审核筛选制度；另一方面对投资后期的各项指标和生态收益持续跟踪，防止环保基金被用于非环保产业。同时，加大资金使用透明度，便于大众的监督和政府的管理，全面规范环保基金的运作。

参考文献

[1] 王玉明，邓卫文. 加拿大环境治理中的跨部门合作及其借鉴 [J]. 岭南学刊，2010（5）：116-120.

[2] 尹淑坤. 加拿大的环境审计 [J]. 中国人大，2010（5）：53-54.

［3］田瑶，李醒. 公众参与环境影响评价：以加拿大为例［J］. 社会科学家，2013（10）：36-39.

［4］毛明芳. 加拿大环境产业发展对我国的启示［J］. 中国环保产业，2009（5）：64-70.

［5］李忠，沈宏，陈伟. 加拿大环境税对我国的启示［J］. 中国经贸导刊，2013（28）：47-50.

［6］陈晶. 加拿大贸易政策与壁垒［J］. 进出口经理人，2013（7）：46-47.

［7］曲国明，王巧霞. 国外环保投资基金经验对我国的启示［J］. 金融发展研究，2010（5）：52-55.

［8］毛明芳. 加拿大可持续发展技术基金运作模式［J］. 中国科技投资，2009（2）：65-67.

［9］Swallow B M，Goddard T W. Developing Alberta' s Greenhouse Gas Offset System Within Canadian and International Policy Contexts［J］. International Journal of Climate Change Strategies & Management，2016，8（3）：318-337.

［10］Gauthier M，Simard L，Waaub J P. Public Participation in Strategic Environmental Assessment（SEA）：Critical Review and the Quebec（Canada）Approach［J］. Environmental Impact Assessment Review，2011，31（1）：48-60.

第三章　美国环境保护对策与借鉴

美国作为高度发达的工业国家之一，其环境保护的演进过程也是美国社会经济发展的过程，每一个时期的环境保护都与当时社会经济对应的环境问题密切相关。每个时期的环保议题都随着美国社会经济的发展阶段、人们思想认识的不断演进而不断变化。美国早期的环保议题集中于对土地与资源的保护，主要通过建立自然保护区、国家公园等方式实现。20 世纪 60 年代，美国的环境问题表现为现代化进程中的工业污染，其议题表现为对空气、水等基本生存环境的治理与保护。20 世纪 70 年代，美国的环境保护发展为对核污染以及有毒化学药品等的治理。这一时期，发生了世界知名的环境污染事件——洛杉矶光化学烟雾事件、北美死湖事件和卡迪兹号油轮事件。

洛杉矶光化学烟雾事件

光化学烟雾是大量碳氢化合物在阳光作用下，与空气中其他成分发生化学反应而产生的。从 1943 年开始，每年从夏季至早秋，只要是晴朗的日子，洛杉矶城市上空就会出现一种浅蓝色烟雾，整座城市笼罩在浑浊不清的气体中。光化学烟雾的主要成分是臭氧、氧化氮、乙醛和其他氧化剂，罪魁祸首是汽车尾气和工业废气。在 20 世纪 40 年代，洛杉矶就拥有 250 万辆汽车，每天大约消耗 1100 吨汽油，排出 1000 多吨碳氢（CH）化合物、氮氧（NO_x）化合物和一氧化碳（CO）。被排放到空气中的烯烃类碳氢化合物和二氧化氮（NO_2）等物质的分子在吸收了太阳光的能量后，开始变得不稳定，原有的化学链遭到破坏，形成新的物质，这种化学反应被称为光化学反应。光化学反应会产生含剧毒的光化学烟雾，使人眼睛发红、咽喉疼痛、呼吸憋闷、头昏、头痛。直到20世纪70年代，洛杉矶还被称为“美国的烟雾城”。

北美死湖事件

从20世纪70年代开始，美国东北部和加拿大东南部出现了大面积酸雨区。美国受酸雨影响的水域达3.6万平方千米，23个州的17059个湖泊中，有9400个酸化变质。最强的酸性雨降在弗吉尼亚州，酸度值（pH）为1.4。纽约州阿迪龙达克山区，1930年只有4%的湖泊无鱼，而到了1975年，近50%的湖泊无鱼，其中200个是死湖，听不见蛙声，死一般寂静。加拿大受酸雨影响的水域多达5.2万平方千米，5000多个湖泊明显酸化。多伦多1979年平均降水酸度值（pH）为3.5，比番茄汁还要酸。安大略省萨德伯里周围1500多个湖泊池塘漂浮死鱼，湖滨树木枯萎。究其原因，美国东北部和加拿大东南部作为西半球工业最发达的地区，每年向大气中排放二氧化硫2500多万吨。

卡迪兹号油轮事件

1978年3月16日，美国超级油轮“卡迪兹号”满载伊朗原油向荷兰鹿特丹驶去，航行至法国布列塔尼海岸时触礁沉没，漏出原油22.4万吨，污染了350千米长的海岸带。仅牡蛎就死掉9000多吨，海鸟死亡两万多吨。污染的损失及治理费用高达5亿多美元，给被污染区域的海洋生态环境造成的损失更是难以估量。

20世纪八九十年代，美国政府的环境治理取得了一定成就，主要体现为环保组织队伍多元化发展及环保机制的不断完善。在环保组织队伍多元化方面，既有全国性环保组织又有地方性环保组织，既有上层环保组织又有草根环保组织。在环保机制建设方面，市场主体与环保组织合作，探索出了“第三条道路”，即通过市场机制以及基于市场的管理机制将企业也纳入环境保护的轨道上来。2000 年以后，随着环境问题全球化以及对人类经济发展认识的不断深化，美国的环境保护又与能源短缺、全球气候变化等国际环境问题联系起来。

一、美国环境保护的社会组织系统

美国环境保护的社会系统是一个非常复杂的系统，它涉及各级各类政府部门、各种环保组织、各种企业协会和普通民众等多方面的社会力量。这些社会力量组成一个个大大小小具有不同社会影响力的社会子系统。每个子系统相对独立、相互联系的同时又适应其赖以生存的环境。子系统之间相互影响、相互监督、相互制衡，在美国社会形成了一个既分散又紧密联系的环境保护制衡体系，该环境保护体系在美国的环境保护中发挥着重要作用。美国环境保护的社会组织系统及关联如图 3-1 所示。

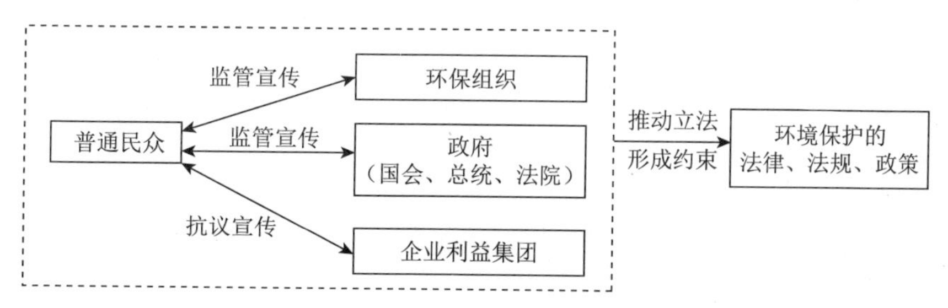

图 3-1 美国环境保护的社会组织系统及关联

资料来源：曹彩虹. 美国环境保护社会系统研究［M］. 北京：北京语言大学出版社，2017.

（一）国家机构环境管理系统及职能

国家机构作为整个社会的主要管理者，在环境保护中发挥着主导作用。美国环境管理的组织结构分为立法系统、行政系统和司法系统三个分系统，与美国政治体制密切相关。

1. 立法系统

美国国会是美国的立法系统，其主要职责是立法、代表选民发言与监督政府。立法系统出台的是国家层面的法律，会影响每一位民众。国会分为参议院和众议院，两院都有与环境有关的立法机构，其组织结构较分散。在两院中均设有具有各种职能的环境立法委员会，并制定相应的立法，如农业、营养和林业委员会主要负责农药使用方面的立法；能源和自然资源委员会主要负责合成燃料、保护监督、能源预算、矿产、油页岩、外大陆架与开采等方面的立法；能源和商务委员会负责空气、饮用水水质、噪音、辐射、固体废物与有毒物质等方面的立法；小企业委员会负责小企业环保等方面的立法。表3-1、表3-2列出了国会两院有关环保管辖权的主要委员会以及其主要立法领域。

表3-1　美国参议院环境立法委员会及其主要立法领域

参议院立法委员会	主要立法领域
农业、营养和林业委员会	农药
拨款委员会	拨款
预算委员会	预算
商务、科学和运输委员会	海洋、研究和发展、辐射、有毒物质
能源和自然资源委员会	合成燃料、保护监督、能源预算、矿产、油页岩
环境和公共工程委员会	清洁空气、饮用水、噪声、核安全、渔业、野生动物、固体废物、有毒物质、交通与基础设施等
外交委员会	国际环境
国土安全和政府事务委员会	跨部门领域
健康、教育、劳动及退休金委员会	公共卫生
小企业委员会	环境法规对小企业的影响

资料来源：美国参议院官方网站。

表3-2　美国众议院环境立法委员会及其主要立法领域

众议院立法委员会	主要立法领域
农业、营养和林业委员会	农药
拨款委员会	拨款
预算委员会	预算

续表

众议院立法委员会	主要立法领域
监督和政府改革委员会	海洋、研究和发展、辐射、有毒物质
国土安全委员会	合成燃料、保护监督、能源预算、矿产、油页岩、辐射（核管理委员会监督）
能源和商务委员会	空气、饮用水水质、噪声、辐射、固体废物、有毒物质
自然资源委员会	海洋倾倒
运输和基础设施委员会	噪声、水体污染、水资源
科学、太空和技术委员会	研究与发展
小企业委员会	环境法规对小企业的影响

资料来源：美国众议院官方网站。

这种分散的组织结构和任务分工为环保游说团体提供了多种表达意愿和维护本团体利益的渠道，使环境立法能够更全面地反映各方的利益。但美国的环境保护组织体系也存在缺点，即没有一个委员会或机构对环境保护问题总体负责，其协调性和综合效应较差。

2. 行政系统

美国的行政系统是以总统为核心的政府政策法规的执行系统。总统通常被认为是政治的中心，对公共政策有着巨大的权力。这些权力表现为：第一，总统可以通过对公共意见或国会立法提出意见来影响政策议程；第二，总统负责国际条约和协议的谈判，尤其在全球环境问题上，总统的权力越来越大；第三，总统对各行政机构有很大的权力，包括最高行政长官的任命、各机构的拨款；第四，总统可以通过行政命令强制各机构执行其制定的规定。

（1）总统的环境管理系统。美国在环境问题上的政府管理机构非常分散。实际上，几乎所有行政部门都有一定的环境监管权。这些机构都有自己的管理权限与管理范围，但美国环保局（EPA）在环境政策的决策和执行中处于中心地位。联邦政府与环境有关的管理机构及其主要环境管理领域见表3-3。

表 3-3　美国联邦政府与环境有关的管理机构及其主要环境管理领域

联邦政府机构	主要环境管理领域
白宫办公室	总的政策与协调机构
管理与预算办公室	预算、协调与管理机构
环境质量委员会	环境政策、协调机构
卫生与人文服务部	公共卫生、公民健康
环境保护局	空气和水污染、固体废物、辐射、农药、噪声、有毒物质
司法部	环境诉讼
内政部	公共土地、能源、矿产、国家公园
农业部	林业、土壤、保护区
核管理委员会	核电许可和规范
交通部	城市轨道交通、公路、飞机噪音、石油污染
能源部	能源政策的协调、研究和开发石油分配

资料来源：美国政府官网。

（2）环境保护的主要执行机构。美国环境保护局（EPA）是美国联邦政府的一个独立机构，是联邦政府的主要环境管理机构，负责管理和执行联邦政府的环境法律。EPA 领导人直接由总统任命，由众议院确认，并向总统做出管理工作汇报。

3. 司法系统

司法系统与行政系统、立法系统不同，司法系统中的联邦法院法官不需要竞选，而是由总统任命，参议院确认。联邦法院法官一经任命，就可以终身任职。联邦法院法官对行政机构的政策及项目有很大的影响力，在环境保护中起着非常大的作用，但这些权利都限定在司法程序之中。

司法系统对环境政策的影响体现在对法律的执行上。环境法律是最复杂的法律，需要平衡环境保护与经济效益，既要解决科学与技术问题，又要保证公平、效率、适时与合法性。这些充满冲突的法律最后要留给法院进行利益权衡并做出裁决。此外，法院还要对行政机构进行监督，确保其按照法律要求行使国家管理权。

司法系统主要通过以下两大机制影响环境保护与保障生态经济发展。

设定环境污染标准或重新设立项目优先权。第一是监督 EPA 设定环境保护的政策标准。第二是重新界定 EPA 与其他机构之间的关系。第三是法院通过界定行政机构政策分析的法律基础来影响其政策。

建立环保公益诉讼制度以及原告认定制度。环境保护的兴起带来了行政法规的变革。美国有较为健全的环保公益诉讼制度。以 1970 年制定的《清洁空气法》（The Clear Air Act，CAA）为例，该法律中明确规定“任何公民都可在联邦法院对违反环境法规的行为提起诉讼”，并且“诉讼费用由败诉方负担”，对于有些环境公益诉讼，法院甚至会向原告发放律师费及其他必要的补助。公民诉讼的条款也成为此后制定的环境保护法律（如《清洁水法》《噪音控制法》等）中的一项主要内容。这些条款与《联邦地区民事诉讼规则》共同形成了美国比较完善的环境公益诉讼制度。根据环境公益诉讼制度，法院可以因原告受到“美学上的损失”“可能的损害”或“特定和可察觉的损害”等所谓的实际损害而确认其诉讼权。此外，美国高院还认为公益诉讼不可以因原告仅是众多受害者之一而剥夺其诉讼权，否则就意味着任何受害者都无法提起诉讼，并且无论损害大小，都可以具备原告资格。这一机制认为是进一步民主化，保持行政机构责任的动力机制，大大激励了公民团体监督企业和政府机构，督促其严格履行社会责任。

（二）环保组织类型及其环境保护途径

环保组织是指所从事的工作是以保护自然环境和生态为主的非政府组织。经过几十年的发展，环境保护组织已经成功地吸引了大量捐款并利用这些资金发展成为既以大众为基础，又拥有大量专业精英的强大组织。环保组织是在各级政府、科研机构、教育机构和企业之外的一个具有庞大规模和巨大社会影响力的社会组织，对环境保护起到了巨大的推动作用。

1. 环保组织类型

美国的环境保护组织可追溯到 20 世纪初期。最古老也最有影响力的组织是塞拉俱乐部和全国奥杜邦协会。现代环境运动发起于 20 世纪六七十年代，国家资源保护委员会就是这个时期产生的新环境组织的代表。环境保护基金会和地球之友等揭开了环境保护主义的新时代序幕。但自 20 世纪 80 年代起，环保组织开始分裂，到了 21 世纪这些环保组织的分歧更加明显。各组织间的组织结构、会员人数和资金量以及所关注的问题和行动策略等都存在着很大的差异。

不同的环保组织有不同的环保定位，有的是按地区组织的，有的是针对某一具体问题而组织的。表 3-4 列出了美国重要环保组织及其关注的议题。

表 3-4　美国重要环保组织及其关注的议题

组织名称	成立年份	主要议题	网　站
塞拉俱乐部	1892	环境教育和政策行动	www. serraclub. org
全国奥杜邦协会	1883	各种资源的保护	www. adubon. org
国家野生动物联合会	1936	野生动物和土地保护	www. nwf. org
环境保护基金会	1967	各种环境教育、政策和法律	www. edf. org
国家资源保护委员会	1970	各种环境教育、政策和法律	www. nrdc. org
忧思科学家联盟	1969	科学和环境保护	www. ucsusa. org
国际绿色和平组织	1971	国际环境保护	www. grccnpcacc. org
大自然保护协会	1951	土地保护	www. naturc. org
世界野生动物基金会	1961	野生动物保护与全球环境	www. worldwildlife. org
地球第一	1979	直接行动、生态系统保护	www. earthfirst. org
雨林行动网络	1985	雨林保护	www. ran. org
美国农田信托	1979	农场保护	www. farmland. org
地球之友	1969	环境保护与正义	www. foc. org

资料来源：曹彩虹. 美国环境保护社会系统研究 [M]. 北京：北京语言大学出版社，2017.

2. 环保组织影响环保绩效的途径

美国的多元政治决定了除政府机构之外的民众或企业集团有多种途径参与到政策决策的过程中来。环境组织就是运用民众参与机制来影响环境法规、政策的制定和实践的。影响环境保护的途径主要有游说、诉讼、宣传教育、与企业合作及民众评论等。

（1）通过游说促进环境立法或环境保护政策的制定。游说国会是环保组织一个影响环境政策的有效工具。很多组织拥有大量游说人才，他们成功地利用科学研究成果，对国会或总统进行游说。大多数环境保护组织是针对已经出现的问题向国会或总统游说，最终通过立法或环境保护政策的制定，实现对污染和生态破坏的治理、补偿、监督和控制。例如，1999 年地球之友成功游说当时的总统克林顿对所有贸易协定进行环境评估。2012 年地球之友又游说 EPA 将减少船舶污染排放的限制区域扩展到阿拉斯加州。2010 年 4 月 20 日墨西哥海湾石油泄漏以后，各环保组织迅速向总统和国会游说敦促新能源立法的通过。此外，环保组织中还有很多人在 EPA 或其他环境机构中工作，很多环保组织的高级领导就职于政府部门，比如克林顿时期的 EPA 局长曾经是塞拉俱乐部的法律顾问。这些因素都增强了环保组织向政府游说的能力。

（2）环保诉讼。美国环保组织影响社会的另一个重要途径是环保诉讼。国家环境政策规定“任何公民可在联邦法院对违反环境法规的行为提起诉讼”，并且“诉讼费用由败诉方负担”。法院的原告常常是环境组织，他们利用司法裁决来影响政策并引起人们对重要的环境问题的注意。1965 年，环保组织以“保护美丽的哈德逊河”的名义，起诉联邦电力委员会，反对在哈德逊河上修建跨河电缆。法院裁定公民享有保护风景、历史遗迹和户外娱乐的权利。这个案例成为美国最早的环保组织诉讼案。

（3）开展环保宣传教育。除了游说和诉讼，环保组织还对广大民众进行环境保护的宣传教育，通过大众的力量来影响政府的环境政策。这些环保组织都有自己的新闻媒体、出版物以及网站，可以通过各种途径向公众宣传环保问题、环保知识以及最新科研成果，并积极与政府有关部门沟通，与媒体合作，共同促进环境保护。例如，1989 年国际资源保护委员会经研究发现用于苹果上的阿拉尔农药会残留在苹果上，且有致癌的危险，因此要求 EPA 取消对阿拉尔农药的注册。但 EPA 认为这种说法没有足够的科学依据，因此，拒绝取消对阿拉尔农药的注册。于是，国际资源保护委员会对阿拉尔农药进行致癌风险分析，结果显示其风险比 EPA 发现的可能性要高。国际资源保护委员会将这个结果公之于众，引起公众巨大的反响。所有的商店都从货架上取下苹果汁，学校从他们的菜单中去掉苹果产品，生产商把阿拉尔农药从市场上召回。

随着互联网等新兴技术的出现，无论是以前成立的还是新成立的环保组织都开始使用网络作为其教育公众、发布公众服务信息等的工具。环保组织非常关注公众的环保感受与体验，常常利用网络宣传其环保思想和使命，公布其工作计划和具体活动，并在网站公布企业的一些有关环保的违法行为，供民众深入了解。

（4）与企业合作实现共赢，促进环保。企业无疑是各项环境法规和制度的最主要的执行者，企业对各项环境目标的最终实现发挥着重要作用。因此，环保组织尤为重视与企业合作，协助并促进企业担负起其在环保方面的社会责任。例如，主要以科学家、律师、经济学家等为组织成员的美国环境保护基金会认为真正有效的环境保护必须与企业合作，并与企业建立合作伙伴关系，而不是简单禁止企业生产不利于环境的产品，最终实现环境保护与经济利益双赢。其与麦当劳的合作就是一个经典的成功案例。为了降低塑料包装盒对环境的污染，他们共同研究出一种保温性能好、存储方便，且减少了漂白工序的纸包装。这一创新不仅对企业有利，而且利于保护环境。2006 年美国环境保护基金会与世界上最大的零售商沃尔玛合作，对消费品包装提出更严格的安全标准，并且要求供货商标明包装的化学成分以及安全成分，以最大限度地保证消费者健康。与企业合作也成为环保组织的一个重要的环境保护途径。

（三）民众环境保护途径

美国人民具有很强的参与意识，人们坚定地相信立法和行政官员的权力只有在民主化过程中、在民众控制之下才能合法化，因此他们很重视参与影响他们生活的各种行政决策。公众在环境决策中的参与对行政机构制定环境政策形成一股特殊而重要的影响力量。从法律的角度来看，公众参与环境执法的途径主要有公民评价、公民评审和公民诉讼。

1. 公民评价

公民评价主要发生在环境政策制定过程的“公民讨论和评价”阶段。《美国行政程序法》（*The Administrative Procedure Act*，APA）要求任何行政机构在制定法规过程中必须在联邦纪事上公布所要制定的规则提案，在最终发布之前让公众进行至少30天的评论，并在法规生效之前对公众评论做出回应。该法的目的是限制行政权力，保护因政府行为影响到的私人部门的权利。因为任何人都可能会因政府机构的错误遭受不公平对待或伤害。公民在讨论和评价阶段可以看到政府的环境政策提案并提出一些意见，如果他们没有得到通知，或者其意见没有得到应有的反馈，他们就认为自己的信息权或者参与权被侵害，应当寻求法律援助。

2. 公民评审

公民评审是美国公民参与政府制定某些政策的一种民主参与方式，其基本思想为国家管理是每一位公民的责任与义务，公民应该成为国家的管理者，真正成为国家的主人。因此，在政府制定某项政策时，公民应该参与其中。由于参与的广泛性与良好的社会效果，公民评审对政策制定的影响越来越大，也越来越受到民众的欢迎。因此，公民评审成为民众保护环境的一个重要途径。

3. 公民诉讼

1970年的《清洁空气法》中明确规定“任何公民可在联邦法院对违反环境法规的行为提起诉讼”，并且“诉讼费费用由败诉方负担”。对于国家严格控制的对环境有巨大不良影响的有毒品以及濒危物种等的环境公益诉讼，法院还会向原告发放律师费及其他必要的补助。公民环境诉讼为公民提供了监督EPA行为的重要途径。

其他的公民参与机制还包括公众调查、选民倡议、咨询委员会、公民选举、立法监督、公众听证会、与官员的个别接触以及其他协商形式，这些为公众参与环境政策的制定提供了机会。

三、美国环境保护政策体系

（一）严格执行环境保护法

作为一个英美法系国家，美国法律的主要表现形式是判例法，但是，在生态环境保护领域，美国却主要以制定法的形式来表现，充分表明美国在生态环境保护中所持有的“保护”思想。

美国生态环境保护法律体系的基础是1969年通过的《国家环境政策法》，该法的立法目的是宣示国家政策，促进人类与环境之间的充分和谐；努力提倡防止或者减少对环境与自然生命物的伤害，增进人类的健康与福利；充分了解生态系统以及自然资源对国家的重要性；设立环境质量委员会。该法的颁布标志着美国环境治理进入一个全新阶段。

美国生态环境保护法律体系包括美国国会制定的生态保护相关法律、美国环保局和其他生态保护相关部门制定的规章、总统行政命令、国际条约等。美国联邦与各州主要的环境法及其颁布年份见表3-5。

表3-5 美国主要的环境法及颁布年份

主要环境法律			
颁布年份	法律名称	颁布年份	法律名称
1873	育林法	1972	噪音管制法
1875	沙荒地法	1972	水污染控制法
1894	凯里法	1972	清洁水法案
1973	垃圾法	1973	濒危物种法案
1902	新垦荒法	1974	安全饮用水法案
1918	候鸟条约法	1975	危险物品运输法
1948	联邦水污染防治法	1976	固体废物处置法
1954	原子能法	1976	有毒物质控制法
1955	空气污染防治法	1976	资源保护和回收法
1960	联邦有害物质法	1977	清洁水法修正案

续表

主要环境法律			
颁布年份	法律名称	颁布年份	法律名称
1962	水资源管理法	1977	清洁空气法修正案
1963	清洁空气法案	1980	超级基金法案
1965	固体废物处置法	1980	环境津贴法
1965	水质量法	1980	地下灌注控制法规
1965	荒野法	1984	资源保护和回收法（修正）
1965	鱼类与野生生物协调法	1984	危险固体废物修正案
1967	空气质量法	1986	超级基金再授权
1968	自然风景与河流法	1986	安全饮用水法（修正）
1970	国家环境政策法	1988	清洁水法案重新授权
1970	清洁空气法案	1988	石棉瓦信息法
1970	职业安全与健康法	1990	石油污染法
1970	国家环境教育法	1990	清洁空气法案（修正）
1972	海洋保护及禁渔区法	1993	北美自由贸易协定
1972	消费产品安全法	2000	船舶污染防治法
1972	联邦杀虫剂、杀菌剂和灭鼠剂法	2003	森林健康法

资料来源：美国环保署网站。

以美国的《清洁空气法》为例，经过半个世纪的修改和完善，美国清洁空气法已经确立一系列行之有效的原则。①国家空气质量标准原则。该原则是美国清洁空气法贯穿始终的最为重要的原则，即空气质量标准由联邦政府制定，各州和地区制订具体实施方案以达到联邦政府的标准。②州政府独立实施原则。联邦环境保护总署需要在“国家空气质量标准原则”的指导下，建立相应的“主要国家空气质量标准”和“次要国家空气质量标准”，各州政府对上述标准负有执行的任务，但州政府在执行中享有独立实施的自由。③新源控制原则。该原则对新建固定排污源企业进行“新源排放分析”和危害审核，以确保新建项目符合空气质量标准要求。④视觉可视原则。在国家公园等具有高度美感的国家指定一级保护区域采取严格的控制标准和措施以减轻可视性的损害。“视觉可视性原则”实质上是以美感为标准的高层次的环境保护，是对空气清洁的较高水平的要求。《清洁空气法》实施后，成效显著，1970—2016 年，美国六种常见污染物（PM2.5、PM10、SO_2、NO_x、VOCs、CO 和 Pb）的总排放量下降了 73%。

（二）美国环境保护政策工具

政府环境保护政策工具有多种形式，包括直接的集中管理控制，非集中的、以激励为基础的管理控制，如进行排污收费、发放污染许可证等。每种形式都有其优缺点。在美国的环境保护政策工具中，主要有命令与控制方式、基于市场的管理工具和可交易的许可系统。

1. 命令与控制方式

在环境保护初期，美国主要使用规则，即命令与控制方式（Command And Control，CACs）——“命令与控制型”监管。该监管模式下，政府对所有企业设定环保统一标准，分为技术标准和执行标准。技术标准规定了达到减排标准的具体方法，有时候甚至要求企业必须使用限定设备以遵守特定的监管。例如，所有的电厂都要安装一种特殊的空气清洁器以过滤排放物中的颗粒。执行标准则规定了排放水平，对所有企业设定统一的控制目标，但不强行规定企业采取何种方式达到该目标，给了企业一定的选择余地。总体来看，“命令与控制型”监管的趋向是企业承担相似的污染控制成本份额，而不考虑每一个企业的相对成本，不能激励企业使其不断超越它们的控制目标，而且两种控制标准都不利于对新技术的采纳。近些年，美国政府逐渐摒弃了 CACs 这种方式，越来越趋向采用基于市场的管理工具。

2. 基于市场的管理工具

基于市场的管理工具（Market-Based Instruments，MBIs）是一种通过市场信号而不是明确的指令来达到控制污染的方法。它是 20 世纪 90 年代以来逐渐被美国政府采纳的环境管理方式。MBIs 几乎在每一个环境问题上都得到了应用。

（1）MBIs 的优势

第一，对技术革新的永久激励。因为允许污染许可证交易，所以会激励一些减排成本较低的企业不断减少污染排放，将多余的许可证卖出获利；而减排成本高的企业也会通过少买污染许可证的方式节约成本，减少污染排放。这种方式会激励企业不断关注其环境影响，实现持续减排。

第二，具有灵活性。这种方式为企业提供了选择减排方法的自由，污染者可以选择对自己最有利的解决方案。他们可以选择污染然后支付污染许可证，也可以选择为了减少污染而进行设备更新或改进生产流程与工艺等方法而卖出多余的污染许可证。

第三，收入增加。如果企业持续降低生产排放，就可以将多余的可交易的污染许可证在市场上拍卖取得回笼资金。如果基于市场的管理工具很好地设计并实施，会鼓励企业加强控制污染，既有利于企业降低减排成本，又能够在总体上实现政策目标。

MBIs 提供了一种根据成本效率来分配污染负担的方式，而且 MBIs 机制激励企业不断积极地采用更廉价的污染控制技术。

（2）MBIs 的五种主要类型

第一，环境税费制度。排放税费是根据污染物的特征和排放到环境中的数量直接征收的税费；生产税费是对在生产、消费等阶段造成污染的产品和服务征收的税费；制裁费是对不遵守环境规定行为征收的税费，执行办法为如果污染者不遵守某项规定就征收其一定费用，或没收履行保证金，或先向管理当局支付遵守规定的保证金，履行承诺后，保证金将被返还。

第二，押金还款制度。押金是对可能产生污染的产品销售征收的费用。当达到一定条件时，这项费用可以被返还。例如，通过回收系统赎回使用过的产品或废弃物而避免了对环境的污染，这笔费用就可以被返还。

第三，市场创造。通过创造某种市场，污染被计入生产成本中，而不需要对污染产品或行为直接收取费用。创造市场工具包括可交易的许可证和联合执行。可交易的许可证是标明排放配额、津贴、污染或资源使用上限的一类证件。它们最初由有关政府部门分配并在一定的规则下可以用来交易，常常被称作可交易的许可证或信用证或排放交易方案。交易可以是外部的（在不同企业或国家之间），也可以是内部的（在同一公司的不同部门和产品之间）。联合执行是指为了达到特定的环境目标而在国家之间进行的合作。如当一个国家减少排放的成本高于投资国减少排放的成本时，投资国资助这一国家减少排放，所减少的排放量至少可以部分地计入投资国的减排任务中，而接受国可以得到资本和技术。这被看作是实现国际目标的最有效的成本效率手段。

第四，环境补贴。环境补贴包括各种财政支持，具体有补助金或转移支付、软贷款（国家开发银行通过政府或国有公司融资平台进行的贷款）、免税额或收费优惠。

第五，责任制度。对环境破坏的补偿一般是由法律做出裁决的，如果责任人不能将已经造成伤害或损失的环境恢复到之前的状态，作为次优补救措施，就是由法律以经济损失为标准对赔偿做出裁决。

3. 可交易的许可证

近些年，可交易的许可证在美国得到巨大发展，且使用范围不断扩大，适用的项目不断增多，许可证交易系统愈发完善并且提升环境保护绩效显著。可交易的许可证系统主要包括含铅汽油的分阶段退出计划、水质量许可证交易、氯氟碳化合物（CFC）交易、为控制酸雨而进行的 SO_2 津贴、洛杉矶地区市场化激励清洁空气计划等，具体见表 3-6。这些项目大部分是由联邦政府设立的，部分项目，如空气清洁项目，则是由地方或州政府设立的。

表 3-6　美国主要可交易许可证系统

项　目	交易品名	执行年限	效　果	
			环　境	经　济
含铅汽油的分阶段退出计划	含铅炼油厂之间的权利	1982—1987	加速含铅汽油分阶段退出	每年节省 2. 5 亿美元

续表

项　目	交易品名	执行年限	效　果	
			环　境	经　济
水质量许可证交易	氮、磷的点源与非点源污染	1984—1986	a	a
CFC 交易	CFC 的生产权	1987 年至今	提前实现目标	尚不明确
市场化激励清洁空气计划	地方 SO_2和 NO_2污染源之间的排放交易	1984 年至今	b	b
SO_2 津贴	主要电力公司之间 SO_2减排额度交易	1995 年至今	提前实现目标	每年节省 10 亿美元

资料来源：曹彩虹．美国环境保护社会系统研究［M］．北京：北京语言大学出版社，2017：96-100.

注：a. 由于实行环境标准而没有进行交易；b. 没有数据。

四、美国环境保护的财政政策与税收政策

（一）环境保护的财政政策

1. 重污染阶段美国环境基础设施建设支出主体以联邦财政为主

水污染控制与水体保护是美国环境保护工作的重中之重。1961—1971 年，联邦政府共拨款 12.5 亿美元支持各州建设城镇污水处理厂。随着水污染形势的逐步趋缓以及污染者付费机制的逐步完善，联邦政府在城镇污水处理设施建设方面不再承担主要支出责任。

2. 美国联邦环保署不断强化环境科技支出

2001—2017 年，美国联邦环保署预算资金基本保持在 70 亿~105 亿美元。其中，环境科技预算占联邦环保署预算资金总额的 4.2%~10.8%，最高比例发生在 2007 年和 2009 年。2017 年，联邦环保署环境科技预算占其预算资金总额的比例为 9.1%，较 2001 年（4.5%）提高了 4.6 个百分点。据调查，2017 年环境科技预算主要包括下述领域：可持续社区研究；化学品安全与可持续性研究；清洁空气与气候；安全与可持续的水资源研究；

空气、气候与能源研究；作业与管理；国家安全；取证支持；室内空气与辐射；农药许可；水；信息安全与数据管理。其中，前五个领域的环境科技预算占环境科技总预算的80.1%。21世纪以来，联邦环保署总预算基本呈稳定状态，且不断强化环境科技支出。

3. 美国环境污染的资金预算采用基金方式

2017年，美国联邦环保署基金预算为31.3亿美元，占当年联邦环保署总预算的37.9%。其中，有害物质超级基金为11.3亿美元，占当年联邦环保署总预算的13.7%；饮用水周转基金为10.2亿美元，占当年联邦环保署总预算的12.3%；清洁水周转基金为9.8亿美元，占当年联邦环保署总预算的11.9%。有害物质超级基金的资金来源为税收，收入稳定且以污染者付费作为资金筹集依据，兼顾了公平与效率。

（二）税收政策

1. 美国的环保税体系

美国政府逐步将征税手段引入整个环保领域，形成了一套较为完善的环保税体系。目前，这一领域的税种主要包括对损害臭氧的化学品征收的消费税、汽油税，以及与汽车使用相关的税收和费用。与汽车使用相关的税收包括汽油税、轮胎税、汽车使用税、汽车销售税和进口原油及其制品税等。汽油税最初并非作为环境税征收，但其实施对环境尤其是空气质量具有明显的改善作用。美国的生态税收优惠政策主要体现在直接税收减免、投资税收抵免、加速折旧等措施上，如对购买循环利用设备免征销售税。此外，美国联邦政府对州政府和地方政府控制环境污染债券的利息不计入应税所得范围，对净化水、气以及减少污染设施的建设援助款不计入所得税税基。同时规定，对用于防治污染的专项环保设备可在5年内加速折旧完毕，而且，对采用符合国家环保局规定的先进工艺，在建成5年内不征收财产税。

2. 美国环保税的税率

对损害臭氧层的化学品征收消费税是对应税的化学品分别确定产品差

别定额税率。税率的确定很特殊，是通过一个基础税额和调整因素得出的，即基础税额乘以某种化学品的臭氧损害系数。基础税额从1990年每磅1.37美元提高到了1995年的3.1美元，以后每年提高0.45美元。特定化学品的调整因素则在0.1~10。联邦政府的汽油税目前是每加仑0.14美元，但各州差别较大，中等税率为每加仑0.16美元，税率总趋势在提高，1992年以来就有15个州提高了该税税率。此外，联邦政府还对卡车使用者征收12%的消费税。总之，与汽车使用相关的税收为联邦政府和州政府提供了巨额财政收入。开采税从总体上看不是各州的主要收入来源，其收入仅占各州总收入的1%~2%，但税率却相对较高。环境收入税实行比例税率，税率较低，为0.12%。

3. 美国环保税的征收管理

美国对环保税的征收管理十分严格。美国的环保税由税务部门统一征收上缴至联邦财政部，再由联邦财政部将税款分别纳入普通基金预算和信托基金，信托基金还下设超级基金，由美国环保局负责管理，主要用来服务专项的环保事业。除联邦政府的税收外，各州政府还可以根据自身的情况征收相关的环保税，其中与汽车使用相关的税种最多。在遵守联邦政府政策的前提下，州政府还可以根据本州情况制定有利于地方环境可持续发展的税收优惠政策，以便激发企业和个人参与环保的积极性。

4. 与其他手段结合，提升环保税征收成效

在美国，虽然汽车数量不断增加，但环保税的征收却促使二氧化碳排放量相比20世纪70年代有所减少，空气质量得到改善；开采税的征收抑制了美国资源的开采。据OECD的一份报告显示，对损害臭氧层的化学品征收的消费税大大减少了泡沫制品对氟利昂的使用；虽然美国汽车使用量大增，但其二氧化碳的排放量却比20世纪70年代减少了99%，而且空气中的一氧化碳减少了97%，二氧化硫减少了42%，悬浮颗粒物减少了70%。美国的环保税收政策成效显著。

美国的环保工作之所以能取得如此显著的成效，环保税功不可没，但更重要的因素还是建立了完善的环境经济政策体系。因为如果没有其他手段的配合，单靠环保税“孤军奋战”是不可能实现改善环境这一目标的。因此，在采用税收手段时，我们应注意税收与排污收费、产品收费、使用者收费、补贴、综合利用奖励等经济手段相互协调，扬长避短，发挥综合效能。随着市场体系的不断健全，还要注意税收与价格干预、责任保险、排污交易等市场方法相互配合，形成合力。

五、美国环境保护对我国的启示

（一）制定以服务生态经济为基础的法规制度

美国具备较健全的以发展生态经济为目标的环保规制。纵观美国环境保护社会系统及其管理体系，无论这些组织的社会影响力如何，其目的都是为国家生态经济发展服务。所有组织都在制定和执行环保规制过程中实施影响。一旦某项法律得到通过并颁布，那么所有的经济活动参与者——无论是个人还是组织，包括政府本身都必须遵守。

以服务生态经济为基础的规制符合全社会的共同愿望。基于经济学视角，以服务生态经济为基础的环保法规能够促进国家对整个社会进行有效管理，是促进资源在整个社会有效配置的保障。环保法规的制定要充分考虑社会经济生活存在着的各种公共产品、外部性、自然垄断以及信息不完备性等影响资源的有效配置的因素。任何市场主体行为存在着各种可能的外部性，有正外部性和负外部性，对于正外部性，应该鼓励，对于负外部性，如企业直接排放未经处理的污水污染环境，要越少越好。而事实恰恰相反，企业负外部性越来越多，给社会经济发展以及环境带来了越来越恶劣的影响，甚至阻碍了经济的发展。这些负外部性如果没有外界力量来控制，企业是不会自行解决的。在这种情况下，仅仅依靠企业的社会责任心是远远不够的，保护环境实现经济发展模式的转变涉及企业的外部性和社会公平，这需要强制的外部约束力对企业进行监督，促进其内在利益的驱动与外部的约束相一致。因此，通过立法推动环境保护与生态经济发展是一条已被证明的、符合我国国情的发展之路。

（二）由政府主导转变为社会成员广泛参与的环保推进机制

从美国保护环境发展生态经济的实践经验来看，公众、环保组织、社会环保团体等都在起着重要作用，其中公众是环境保护与生态经济发展的中坚力量，是最广泛、最基本的参与单元。保护环境不仅需要政府的宏观指导与监管，更需要社会公众的积极参与，因此有必要提高公众对环境保护的参与意识和参与能力。美国发展生态经济是通过政府、企业、学校、非营利组织、社区家庭和个人携手合作，在整个社会的广泛参与下实现的。只有每位公民都了解当前经济发展条件、面临的问题，并积极献计献策，政府对各方意见充分讨论，保证来自社会各个方面的利益与意见得到尊重并落实，才能最终在全社会范围内建立公平、公正、符合社会实际情况的环境保护法规政策。各种环保组织在美国环境保护与生态经济的发展过程中始终扮演着十分重要的角色，发挥了政府和企业难以发挥的功能，成为不可或缺的力量。有些环保组织还协助政府立法和制定行业标准；有些社团建立了信息网络，提供有关环境的咨询培训和信息服务等。因此，我国也应鼓励建立各种社团，凭借社团的社会影响力来宣传环境保护与生态经济思想。同时，在社会全员参与的机制下形成的法规政策也容易得到大家的支持并在实践中自觉遵守。因此，保护环境与发展生态经济还需要建立公开、透明与全员参与的机制。

（三）政府主导建立高规格环境保护标准并严格实施

美国政府结合社会意向，制定了多内容、多类型的一系列环保规则和执行标准。在实施过程中，政府部门对所有市场主体进行环保检查。检查目的不是对没有达到标准就缴纳罚款，而是与没有达到政府标准的企业共同查找原因，寻求解决方案。如果没有达到标准的企业较多，政府甚至会投入大量资金，组织各种研究机构研发能够切实帮助这些企业达到政府标准的具体减污技术，然后组织企业进行硬件安装实施。就我国而言，政府不仅要加大环保科技投入，组织力量进行环境保护与生态经济发展的关键技术的科技攻关，更重要的是对清洁生产、资源综合利用、环境保护方面进行投入，加强服务社会主体的意识，帮助市场主体查找问题产生的原因。

（四）建立保护环境的宣传教育体系

非常有必要对全民进行保护环境的教育，使每一位公民充分了解环境的发展情况。保护环境与发展生态经济是一个新观念、新模式，要把这种新观念、新模式推向社会，应该结合新环保形势，采取多种形式对全民进行环境保护与发展生态经济的宣传教育。

首先，支持学校广泛开设环境课程以及实践活动。一个经济体成为一个可持续发展的区域，需要年轻一代以积极与有意义的方式参与，为年轻一代提供保护环境的知识和实践工具，有利于确保该地区健康发展。因此，教育部门应针对中小学开设环境课程；与环境教育组织合作创建绿色学校；与学院合作设立生态经济课程；开展成人教育并与合作者建立示范项目等。其次，应为中小学学生建立可亲身体验的免费活动中心。在有趣的环境中孩子更容易体会到学习的乐趣，也更能获得知识。最后，应与图书馆、商场、博物馆等合作建立新的学习模式，针对不同年龄阶段的人员制作多种形式的宣传材料，展示绿色生活的优越性；此外，宣传品的载体要形式多样，充分利用电视、网站、广告牌甚至垃圾箱等，要能随处可见，这样才能深入人心；同时，还应鼓励企业和社区组织进行环保知识竞赛，促使大家积极参与环境保护活动。

（五）建全原告认定制度和环保公益诉讼制度

公益诉讼是指与案件无利害关系的人，基于公益而提起的诉讼。任何人都可基于发现的环保问题及危害，提起公共利益诉讼。该制度可有效激起全民监督意识，提升环保实施效果。一般认为，只有存在利害关系的双方才构成原告与被告的关系。美国则不然，发现有损公共利益的任何人都可确定为原告。因此，我国也应建立起原告认定制度和环保公益诉讼制度。

参考文献

[1] 杜万平. 美国的环境政策：黄金时代之后步履维艰 [J]. 生态经济，2007 (12)：130-134.

[2] 高国荣. 美国环保运动与第三条道路 [N]. 中国社会科学报，2011-09-20 (13).

[3] 马建英. 美国的气候治理政策及其困境 [J]. 美国研究，2013，27 (4)：72-96，6.

[4] Christopher Bosso J. & Deborah Lynn Guber. Maintaining Presence：Environment Campaign [J]. Environmental Policy，2006，68 (6)：78-99.

[5] Crawford S. Holling. Adaptive Environmental Assessment andManagement [M]. London，UK：John Wiley，1978.

[6] 宋海鸥. 美国生态环境保护机制及其启示 [J]. 科技管理研究，2014，34 (14)：226-230.

[7] 王曦. 美国环境法概论 [M]. 武汉：武汉大学出版社，1992.

[8] 袁征. 总统游说与国会决策 [J]. 美国研究，2001 (3)：62-82，4.

[9] D. Coondoo，S. Dinda Causality between Income and Emissions：A Country Group Specific Econometric Analysis [J]. Ecological Economics，2002 (40)：351-367.

[10] 王堃，张扩振. 陪审团和公民评审团中的协商民主 [J]. 江西社会科学，2014，34 (6)：159-165.

[11] 任蓉. 英美陪审团审判制度机理与实效研究 [M]. 北京：中国社会科学出版社，2011.

[12] 宋海鸥. 美国生态环境保护机制及其启示 [J]. 科技管理研究，2014，34 (14)：257-260.

[13] 王江. 循环经济与环境保护立法 [J]. 科技与法律，2000 (2)：

64-66.

[14] Paul R. P, Robert N. S. Public Policies for Environmental Protection [M]. Washington D. C: Resources for the Future Press, 2000.

[15] R. De Groot, S. L. Brander, Van D. Ploeg, et al. Global Estimates of the Value of Ecosystems and Their Services in Monetary Units [J]. Ecosystem Services, 2012, 1 (1): 50-61.

[16] 叶文虎. 循环经济综论 [M]. 北京: 新华出版社, 2006.

[17] Krabbe J, Backhaus J G. Incentive Taxation and the Environment: Complex - yet Feasible. [J]. Neuroimmunomodulation, 1991, 3 (4): 239-246.

[18] 郭庆旺. 税收与经济发展 [M]. 北京: 中国财政经济出版社, 1995.

[19] 张好雨, 底骞. 美国在环境议题上的分歧及对中国的启示 [J]. 中国环境管理, 2018 (10): 69-73.

[20] 胡溢轩. 美国环境运动的发展脉络与演进逻辑 [J]. 南京工业大学学报: 社会科学版, 2018 (10): 39-48.

第四章　印度尼西亚环境保护对策与借鉴

一、印度尼西亚的环境状况

印度尼西亚（以下简称印尼）是世界上最大的群岛国家，由 17508 个岛屿组成，是马来群岛的一部分，疆域横跨亚洲及大洋洲，别称“千岛之国”，也是多火山、多地震的国家。

印尼陆地面积约 190.4 万平方千米，海洋面积约 316.6 万平方千米（不包括专属经济区），海岸线总长 54716 千米。印尼是典型的热带雨林气候，年平均温度 25℃~27℃，无四季分别。北部受北半球季风影响，7—9 月降水量丰富；南部受南半球季风影响，12 月、1 月、2 月降水量丰富，年降水量 1600~2200 毫米。印尼河流众多，水量丰沛，但都比较小，较大的河流有爪哇岛的梭罗河以及加里曼丹岛的巴里托河、卡普阿斯河、马哈坎河，其中梭罗河全长 560 千米。较大的湖泊有多巴湖、马宁焦湖、车卡拉湖、坦佩湖、托武帝湖、帕尼艾湖等，其中苏门答腊的多巴湖为印尼第一大湖。

印尼是世界上最大的群岛国家，具有丰富的生态物种资源，1989 年开始，随着其第五个发展计划的实施，印尼的工业发展迅速，但是经济发展很大程度上都建立在大量消耗自然资源的基础上，尤其在经济发展最初的 25 年，耗费了大量自然资源（包括可再生资源和不可再生资源），农业发展和自然资源开发是印尼经济发展的主要动力，大面积的天然林区遭到破坏，原始森林被辟为农田，改建为城市、风景区，矿山开采、自然资源开发过程中造成了极大的环境污染，使得环境质量下降。近年来，印尼政府逐渐意识到未来经济发展必然要依赖可持续的发展模式，因此，印尼针对环境问题制定了一系列法规、政策，签署了一系列环境保护的全球性公约，如生物多样性公约、气候变化框架公约。印尼是最早签署生物多样性公约、气候变化框架公约的国家之一。

印尼作为世界上生态大国和自然资源大国，历史上有过重大的环境污染事件——烧荒空气污染事件。印尼频繁的森林火灾和传统农耕方式下的烧荒产生了大量烟雾和阴霾，更主要的是林火和焚烧耕地所产生的烟雾随风飘到新加坡和马来西亚等邻国。在空气污染区域，患呼吸道疾病的人数急剧增加，不少村民离家避难。另外，自 20 世纪 90 年代以来，印尼采取的是重发展轻环保的粗放型发展政策，以消耗自然资源和劳动密集型的低端加工业推进国家的工业发展，其结果是使印尼成为烟霾污染的源发地和重灾区，空气污染、水污染、土地污染等各类污染严重。新加坡、菲律宾、泰国等周边邻国深受其害。环境污染给本国及他国造成巨大危害。到了 2000 年左右，印尼的环境状况已经到了需要警戒的程度，而且还在不断恶化，究其原因，主要是领导层在决策时根本不考虑环境问题。

环境保护属于公共需求，环境质量的好坏应该由政府负责。环境保护是为实现可持续发展。社会发展不仅要满足当代人的需要，同时也不能影响后代人的需要，维持好社会进步和环境保护的平衡是必要的。针对环境污染问题，印尼政府强化了环境部门的职能，制定了系统的战略计划，推动所有人，尤其是有政治影响力的人支持环保事业，使得全社会民主、高效地参与环境保护。

二、印度尼西亚环境部门及职能

1978 年印尼政府成立了环境保护国务部办公室，其主要职责是制定与执行印尼的环境保护政策和制定有关法律法规，协调各部委开展全国环境保护工作，建立有利于可持续发展的综合决策机制，加强部门间的广泛协商和合作。

1990年，印尼成立了环境管理署，其职能主要是制定国家环保政策，协调和优化整体规划，监控、分析、评估、指导业务活动，引导群众参与、传播信息，普及可持续发展经验。

地方政府也成立了相应的环保机构，主要职责是执行控制环境污染、生态环境恶化和提高环境质量的技术方针和政策法规，加强环保机构建设，提高环境管理的能力和技术水平，发展环保信息系统，逐步建立全国环境信息网络，保证环境管理法在各领域得到执行。

印尼政府成立了环境保护特别工作组，主要任务是评审环境案例，确定并且协调重点环境问题，向社会公布环境的处理过程。

三、非政府组织环保功能显著

在印尼，率先发起环保倡议的是非政府组织。在政府尚未将环境保护纳入国家意识和战略之前，面对环境污染，都是由非政府组织发起向政府的抗议，这才引起政府的高度关注。20世纪80年代到90年代初，随着《环境治理法》的颁布，非政府组织多次以各种形式积极投入环境保护事业之中，其参与范围很广，包括环保倡导、环保教育、改善环境质量、环保专业化、环保政策分析、可持续发展、稀有生态资源的保护、野生动植物贸易监管和社区参与等。2000年后，非政府组织的数量有近10万个，分别以协会和基金会的形式存在。这些组织至今在环境保护中发挥着提升环保意识和服务环保实践的重要作用。

四、印度尼西亚环境保护的具体措施

（一）印度尼西亚环境保护规制体系

印尼积极加入全球环境保护公约，于1994年签署了《联合国生物多样性公约》，制定了一系列法规、政策来推动环境保护工作。1990年印尼颁布了第五号自然资源及生态系统保护法，法规中涵盖了根据印尼签署的一些国际公约而制定的环境保护多样性政策。

面对日趋严重的环境问题，印尼政府加强了环境保护法制建设，逐步出台了一些政策性法规，并且成立了实施环境保护法的特别工作组。1982年，印尼在宪法中确立了环境管理的合法地位，制定了《环境管理原则》，把环境管理和适度利用资源作为经济发展的一部分。1986年，印尼政府颁布了《环境保护法》，把环境保护纳入国家的正式法律。1990年至今，印尼陆续制定了《森林保护管理法》《保护自然资源和生物资源及其生态环境》《土地使用法》《水污染控制法》《环境影响分析法》《有毒和有害废物管理法》《固体废物排放标准》《工业废水排放标准》《旅馆业废水排放标准》等，环保法律体系不断完善。

（二）鼓励环境保护的税收制度

印尼税收制度处于不断健全完善阶段，印尼注重税收对环保的导向功能。自2004年1月1日起，印尼开始对烟草、机动车和酒精类饮料征收增值税和奢侈品消费税。从2004年3月1日起，印尼开始对电器类商品征收消费税和进口关税。为鼓励环保企业发展，2010年环保企业所得税进一步降为25%；为刺激中小企业增加投资，新所得税法规定，如果是中小微型企业，或年销售额低于500亿盾的企业，所得税率可减50%。2009年企业所得税税率为14%，2010年为12.5%。

（三）制定和实施环保战略行动计划

环保战略行动计划包括发展环保标志计划、清洁河水计划、蓝天计划、清洁城市计划、城市生态平衡计划、清洁生产计划、控制生态环境退化计划、近海水域污染控制计划和有毒有害物品管理计划等。

1. 发展环保标志计划

印尼以产品的生产过程和废物的排放量作为衡量环境质量是否提高的标准。印尼保护制造商和消费者的切身利益，向其提供有利于环境保护的产品信息和生产技术信息，普及公民教育，提高民众的环境保护意识，鼓励人人参与控制污染、防止生态环境恶化的活动。印尼对一些国家环境保护标志产品实施情况进行调研，建立实施环境保护标志的组织机构体系，成立由技术部门、工业部门、社会团体以及消费者协会代表组成的环境保护标志工作组，制定和发展环境保护标志产品的准则，确定优先实行环境保护标志的产品；制定薄软纸、包装纸、纺织品、皮革制品的环境保护标志产品，提高工业部门和社会团体，特别是涉及优先产品环境保护的企业的环境保护意识。

2. 清洁河水计划

清洁河水计划旨在减少河水污染，提高河水质量，完善和维护水源生态环境和提高水质，该计划于 1988 年开始准备，直到 2000 年分为 5 个阶段开始实施，1995—2000 年是其最后的扩充阶段。通过清洁河水计划的实施，印尼在全国各省市宣布了各种维护水资源的法规，制定了主要河流的水质标准和使用法规，以及工业废水质量标准。商业性评价计划是清洁河水质量管理的重要内容之一，根据环境管理法，印尼对给河流造成严重污染的工厂和企业进行清理和整顿，并根据其在环境污染控制方面所做的不同程度的努力和排放废物的处理情况进行评价，对不符合环保管理要求的厂家和企业，除了用法律手段处罚以外，也向其积极推广清洁技术，提供技术援助，鼓励自我监测、自我管理。

3. 蓝天计划

实施蓝天计划的条件在于先控制住工厂的排放物和粉尘污染，尽量减少家用机动车的使用量，尽量使用低污染的机动车燃料，以压缩天然气来代替汽油和柴油。政府部门应该设置专门的资金，逐步让公交车采用压缩天然气，少量使用重度污染的产品；多方合作，加强整改，推进施工扬尘治理工作，城区的道路应该保持每天不停地洒水，运输车辆应该加盖防尘网；当风力在达到 4 级以上时，所有的建筑项目应该立即停止土方施工和渣土运输作业，以保证蓝天计划的有效实施。

4. 清洁城市计划

ADIPURA 奖项是给一些表现突出城市设置的，其最终目标是减少城市的垃圾污染，改善居民的居住环境，提高城市市民的文化修养，发动全社会的人一起参与保护环境。

5. 城市生态平衡计划

印尼是一个生态物种资源大国。居民在日常生活中会使用到 6000 多种植物、1000 多种动物和 100 多种微生物物种。如此，生物多样性的破坏引起了全社会的广泛关注。近年来，印尼政府注重植树造林，不仅提高了森林覆盖率，而且有效地保持了水土，涵养了水源，遏制了水土流失。

6. 清洁生产计划

印尼制定了清洁生产目标，明确清洁生产主要任务和保障措施是开展清洁生产计划的主要内容。印尼按照资源能源消耗、污染物排放水平，确定开展清洁生产的重点领域、重点行业和重点工程，国家各行业主管部门根据国家清洁生产计划规划本行业清洁生产的重点项目，制定行业专项清洁生产目标和任务。在组织实施方面，印尼加强对工业部门、非政府部门和社会团体的培训；实行奖励措施，为实行清洁生产的部门提供软贷款、豁免进口关税的优惠政策。

7. 控制生态环境退化计划

印尼制定了环境保护法规，减少因不合理开采矿产资源导致的生态环境退化，控制土地资源的退化和浪费，保护印尼的生态资源。

8. 近海水域的污染控制计划

海洋资源的开发，使印尼获得了不少的利益，但是在获得利益的同时，海洋污染也很严重，为此，印尼制定了一系列措施来解决海洋污染问题，如通过垃圾的收集和处理来控制海港的污染，收集和分析有关海洋污染的信息，确定近水海域、港口和海滨旅游区环境污染控制的方针和技术措施，与有关部门合作，完善对环保的监测。

9. 有毒和有害物品管理计划

印尼对有毒和有害物品实施严格管理，使用有毒有害物品前要严格遵守该物品的使用说明书上规定的条款；剩余的有毒有害物品，严禁随意倾倒于地面或者下水道中，应该存放在指定的容器内，以便及时收回；广泛宣传有毒有害物质对人体的危害，加强地方、中央以及国际之间的合作。

（四）环境保护机制与质量

印尼的环境保护机制很多，但较为重要的有可持续发展机制，环保信息公开机制和谁污染、谁治理机制。印尼不仅注重社会的短期发展，更注重社会的中长期和长期发展，在制定发展决策时，充分考虑环境负荷量及其效应。对不可再生资源的利用，必须充分考虑后代人的需要，对可再生资源的利用，必须考虑环境的负荷量。不超出环境负荷量，这是决策必须考虑的制约因素，是需要长期遵守的一条原则。每个公民都有权享有良好健康的环境，同时也有义务保护环境。每个公民都有权得到最新的环境保护信息。印尼在环境保护过程中，预防重于治理，本着“谁污染，谁治理”的原则，实行严格的追责制度。

五、印度尼西亚环境保护对我国的启示

（一）激发非政府组织环境保护的意识

印尼环境保护起步较晚，但该国的环保战略和法规体系的构建是在非政府组织的促进和鞭策中进行的。如果没有这些非政府环保组织，环保战略体系的构建还要滞后，其环保质量会糟糕很多。印尼支持非政府环保组织参与环保倡导、环保教育、环保政策分析等各项事业，鼓励其反映、评测和监督政府提升环保质量，发挥好环境保护的社会监督员功能。

（二）细化环境保护内容

印尼环境保护的最大优点是在环保战略统领下，有详细的行动计划——发展环保标志计划、清洁河水计划、蓝天计划、清洁城市计划、城市生态平衡计划、清洁生产计划、控制生态环境退化计划、近海水域污染控制计划和有毒有害物品管理计划等。根据不同的计划，印尼设置了对应

的组织和人员，有利于环保的实践操作，也便于环境保护意识的明晰和提升，更有利于对环境保护实践质量进行监督。

（三）营造环境保护的文化氛围

印尼动员全社会都重视及参与环保，营造出一种良好的环保文化氛围。首先，更新人们的环境保护观念，让人民群众意识到自然界对人类的重要性。人类本身是自然的一部分，所以我们应该尊重自然，要转变“取之不尽，用之不竭”的传统观念，要有人与自然和睦相处、共存共荣的生态自然观。其次，建立环境教育体系，加强新闻宣传，营造有利于环境保护事业发展的舆论氛围，要采取多种方式，把环境教育植入学校教育教学的各环节中。再次，加大执法力度，以保护森林和植被，保护野生动物等自然资源。最后，要使环保实践生活化，尽量减少开车，限制引进科技含量低、污染严重、浪费自然资源的产品，倡导绿色文明的生活习惯、消费观念，要把绿色城市、绿色社区的活动逐步深入文明社区建设和精神文明建设的总体目标之中。

参考文献

［1］牛冬杰，李雨松. 印度尼西亚针对全球重大环境问题采取的对策［J］. 世界环境，2000（2）：35-37.

［2］夏陶昭. 印尼环境保护管理及其主要行动计划［J］. 全球科技经济瞭望，1997（12）：16-19.

［3］刘向东. 印尼环境保护政策［J］. 全球科技经济瞭望，2003（6）：48.

［4］畅扬，孙磊. 印度尼西亚旅游业投资环境分析：基于等级评分法［J］. 山西农经，2015（6）：33-35.

［5］姬虹. 印度尼西亚投资环境及其市场分析［J］. 亚太经济，2004（6）：28-31.

［6］宋秀琚，王鹏程 . 印度尼西亚的环境灾害及其在全球环境治理中的参与［J］. 东南亚纵横，2018（6）.

［7］黎嘉玲. 印尼环境非政府组织及其森林保护活动［D］. 广州：暨南大学，2016.

［8］张云. 东南亚环境治理模式的转型分析：以“APP 事件”为例［J］. 东南亚研究，2015（2）：69-77.

［9］姜凤萍，陆文明，孙睿等 . 印度尼西亚木材非法采伐现状分析［J］. 世界林业研究，2013（3）：79-82.

［10］甘燕飞. 东南亚非政府组织：源起、现状与前景：以马来西亚、泰国、菲律宾、印度尼西亚为例［J］. 东南亚纵横，2012（3）：71-76.

［11］杨宏云. 印尼华人非政府组织研究：以印尼菩提心曼陀罗基金会为例［J］. 东南亚南亚研究，2011（4）：69-73.

第五章　德国环境保护对策与借鉴

德国是注重环保的典型国家。为了让下一代在一个未受破坏的环境中成长，德国政府竭尽所能采取各种措施保护环境。德国环境保护的最新目标是将自己留在生态环境中的足迹减到最少。

一、德国的环境保护主体及结构

德国的环境保护主体主要由联邦环境部、联邦环保局、其他联邦部门、工业界和工商联合会、政党、地方政府、非政府组织、家庭等构成，呈现出多元化和多样化特征。1986年德国成立了联邦环境部，这是德国行使环境保护职能的最高主管机关，联邦环境部的主要职能有：

（1）为制定空气净化、噪音防护、废物处理和给排水、土地保护和环境化学材料等方面的法规和行政条例提供科学的支持。

（2）为各项环境治理策略提供协助，并对与环境有关的措施提供生态技术鉴定。

（3）通过一系列计划和智能信息系统，提供相关环境数据。

（4）在环境相关管辖权划分研究方面提供支持和协助，协调联邦的环境研究。

（5）国际环保信息合作。

环境保护是一个跨部门的活动，并不是由联邦环境部一个部门单独负责的。联邦青年、家庭、妇女和健康部及隶属于该部的联邦卫生局、联邦农业部、联邦自然保护与景观生态学研究局等部门也发挥着重要作用。德国从联邦政府到州政府，再到各县政府，都设有各自的环保机构，还设置了许多跨地区的环保研究机构。地方政府、非政府组织和家庭同样是环境保护的细分实施单位。

二、德国环境保护对策

（一）德国的环境保护标准

德国环境保护标准的制定采用了多种形式。一是法律形式。德国联邦政府和各州政府制定的环境保护法律达上千部，基于环境保护法的详尽性考察，德国是全球规定环境保护费最详细的国家之一。德国通过各式各样的法律为其环境保护设立了各种标准。二是法规和管理条例形式。法规和管理条例是对各类法律条款进行细化。法规和条例同样具有法律约束力，而且弥补了法律的具体实施短板，具有更强的可操作性。管理条例虽然只对相关行政部门具有约束力，但其具有更强的时效性和灵活性，能够满足不断发展的环境保护需求。三是标准形式。德国不仅有环境标志制度，还规定了污染排放标准制度。早在1987年，德国就率先实行环境标志制度，即依据环境保护标准、指标和规定，由国家制定的认证机构确认并通过颁发环境标志（蓝色环境天使标志）和证书。认证标准涵盖了从原材料资源配置到废物处理等各方面。由于消费者对绿色产品的消费倾向度的提高，工商业界的绿色生产越来越普遍。绿色环境标志制度意识的不断正强化不仅是基于国民健康需要，也是各党派为了获取选票，不断呼吁提升环境保护意识，注重规范环境保护行为的成果。德国主要实施欧盟统一的污染排放标准。以生活垃圾焚烧炉排放烟气污染物为例，将我国排放标准与欧盟排放标准进行对比，见表5-1。

表5-1 生活垃圾焚烧炉排放烟气污染物对比

序 号	污染物	单 位	国标（GB 18485—2014）		欧盟（2000/76/EC）	
			日均	小时均	日均	小时均
1	烟尘	mg/Nm^2	20	30	10	30

续表

序　号	污染物	单　位	国标（GB 18485—2014）		欧盟（2000/76/EC）	
			日均	小时均	日均	小时均
2	HCl	mg/Nm^2	50	60	10	60
3	HF	mg/Nm^2	—	—	1	4
4	SO_x	mg/Nm^2	80	100	50	200
5	NO_x	mg/Nm^2	250	300	200	400
6	CO	mg/Nm^3	80	100	50	100
7	TOC	mg/Nm^3	—	—	4	20
测定均值						
8	Hg	mg/Nm^3	0.05		0.05	
9	Cd+T1	mg/Nm^3	0.1		0.05	
	Sb+As+Pb	mg/Nm^3	1.0		0.5	
10	二噁英类	$ngTEQ/Nm^3$	0.1		0.1	

资料来源：工程技术（全文版）烟气排放标准欧盟 2000 与国标（GB 18485—2014）。

从表 5-1 可以看出，中国的生活垃圾焚烧污染控制标准（GB 18485—2014）与德国标准相比，颗粒物、HCl 和重金属（Cd+T1、Sb+As+Pb）等指标差距较大，其中，烟尘标准超出欧盟标准的一倍，HCl 日均排放限制是欧盟标准的五倍，SO_x 和 CO 超出欧盟标准的 60%，NO_x 超出欧盟标准的 25%，另外国标中对 HF 和 TOC 未提出要求。由此可看出，我国环境保护标准在严格程度上还有待提高。

（二）德国环境保护的法律体系

“二战”结束以后，德国经济急需快速发展，德国开始发展以鲁尔工业区为代表的一系列工业区。伴随着二次工业革命带来的动力，鲁尔区迅速发展为全球领先的工业基地和欧洲最大的工业人口聚居区，被誉为“欧洲经济的发动机”。随着制造业的迅速发展，鲁尔区的环境也变得糟糕。据资料记载，鲁尔区的污染情况让人不寒而栗——雾霾严重时能见度低得伸手不见五指，洗涤过后的衣服不能在室外晾晒，因为灰尘会让衣物变得更脏。同时，污染区的居民患病率（哮喘、白血病等）大幅提高。一系列由环境污染引起的事件震惊了整个德国，环境治理成了最紧迫的事情。

德国的环境保护法律是集欧盟环保法和国内环保法于一体的法律体系。1972 年出台的《废弃物处理法》是德国第一部环境保护法，开启了循环经济的先河。1974 年出台的《联邦污染防治法》、1979 年的《关于远距离跨境空气污染的日内瓦条约》，以及 1999 年的《哥德堡协议》是德国空气治理里程碑式的法律。20 世纪 90 年代初，德国将保护环境的内容写入修改后的《基本法》。目前，全德国联邦和各州的环境法律、法规有 8000 多部，除此之外，德国还实施欧盟的约 400 个相关法规。

除了出台各类国内法外，德国还积极参与欧洲与世界层面的国际法立法工作。这些法律法规为德国治理污染提供了完备的法律依据，法律规定的环保标准和内容及治理措施十分明确。德国确定了各类环境标准，制定了空气中的主要污染物的含量临界值，并且明确规定了这些污染物含量数值的测量及计算方法。一旦突破临界值，有关部门会立即采取措施，对各类污染物的污染源做出限制性的规定。以当前德国的技术水平为基础，所有可能对环境造成污染的工业材料、工业流程、工业产品，都应向政府做出申请批示，同时政府在申请的审批上也做出了严格的要求，确定了最高排放标准，严格规定某一种污染物在全国范围内每个源头的排放量。

德国建立了环保质量保证机制。为提升环保质量，德国专门设立了环保警察，除履行通常的警察职能外，还负有对所有污染环境、破坏生态的行为和事件进行现场执法的职责。警察承担环保执法体现出分布范围广、行动迅速、有威慑力等特点，极大地增强了环保现场执法的力度，保证了执法的严肃性。环保警察隶属联邦内政部，都经过非常严格的专业训练，通过巡逻和使用遥测等专业工具检查环境的污染状况，一旦发现有环境污染的现象，立即采取措施，力求把污染控制在最小范围内，从不卫生食品的销售到化学污染物的排放，全部在他们的管辖范围之内。

德国灵活的行政措施保证了防治污染的法律法规得到贯彻执行。主要的措施有：每个州及下面的每个城市或地区必须制订相应的空气清洁与行动计划、应急机制，以应对可能出现的严重空气污染。

（三）环境保护的财政政策

在制定完善的法律的同时，德国政府制定了一系列的财政政策加强对环境的保护。根据《德国联邦政府补贴报告》（第 25 期）内容，2016 年联邦政府向企业提供的补贴共计 229 亿欧元，其中直接资金支持 75 亿欧元，税收优惠 154 亿欧元。2017 年德国联邦政府对前 10 大环保项目给予大力资金支持，具体见表 5-2。

表 5-2　2017 年德国联邦政府前 10 大环保项目资金支持

序　号	名　称	金额（亿欧元）
1	建筑节能改造	14.8
2	煤炭销售以及消除产能调整带来的负担（用于发电和炼钢）	10.5
3	宽带网络扩建	6.9
4	能源效率基金	4.6
5	改善区域经济结构（部分）	4.4
6	改善农业结构及海岸保护（部分）	4.4
7	高速公路卡车养路费的使用	3.9
8	国家气候保护倡议	3.3
9	中小企业集中创新项目 ZIM（部分）	3.2
10	可再生能源应用	3.2

资料来源：德国联邦统计局官网。

由表 5-2 可知，德国联邦政府对建筑节能改造、煤炭销售以及消除产能调整带来的负担（用于发电和炼钢的）、能源效率基金、改善农业结构及海岸保护、中小企业集中创新项目 ZIM（部分）以及可再生能源应用等有关环保项目给予的财政补贴已经超过了 40 亿欧元，高额度、多领域的国家财政补贴为德国的环境保护出了一份力。

德国在转移支付方面有很多值得借鉴的经验。德国不仅环保资金投入数额高，还有基金、补贴等多形式的专项资金，更主要的是政府间生态转移支付制度对环保效应影响较大。德国转移支付的内容包括：①中央对地方的纵向生态转移支付，主要针对全局性的补偿问题，将全国作为一盘棋，统筹考虑，切实加大对中西部地区、生态效益地区的转移支付力度；对重要的生态区域（如自然保护区）实施国家购买；进一步明晰和提高相关领域的补偿标准。②省以下生态转移支付，关注对本省欠发达地区生态补偿的支持。③区域间生态转移支付，主要针对区域之间，如水域上下游之间生态受益方对经济受损方的资金补偿。具有重大影响的、多地多流域的水源涵养区、生态保护区，必须理顺责任及利益关系，由中央主导建立生态补偿制度。

（四）德国的产业政策

为从根本上解决污染，德国制定了恰当的产业政策，改造传统产业，扶持能耗少、科技含量高的新兴产业。自 20 世纪 70 年代开始，德国对传统的高污染矿区和企业进行清理整顿，关闭了全部重污染性的工厂，对传统钢铁、煤炭行业进行集约化和合理化改造，取代它们地位的是以信息技术、材料技术、新兴医药等为主的新产业。

为顺利实现能源转型和经济可持续发展，德国政府的工作重点是鼓励企业投资可再生能源，德国不仅制定并多次修改了《可再生能源法》，还推出减税等各种扶持政策。一方面，国家通过征税补贴可再生能源电力生产商，减少了生产商的成本，从而减少了消费者的电费支出。另一方面，化工、钢铁等 2000 余家能源密集型企业可享受税收减免，金额每年可达上亿欧元，该政策保障了上下游可再生能源产业，从而使德国的可再生能源产业有了快速发展。2016 年，德国电力总产量的 40%来自煤炭，核能和硬煤占总发电量的 57%。德国电力结构有一个突出特点，就是核能比例在不断降低。1990 年，德国总发电量的 28%来自核能，2016 年下降到 13%。德国能源还有一个趋势——可再生能源比重不断上升。1990 年可再生能源仅占总能源生产的 4%以下，到 2016 年，其份额已经上升到比较重要的位置。2016 年 5 月，欧洲法院裁定，德国能源密集型企业在 2012—2014 年间免缴的部分可再生能源电力附加税属于国家补贴，总额约 3000 万欧元，这有力地促进了德国新能源产业的进一步发展，为德国实现旧能源产业向新能源产业的转型起到了一个强有力的推动。

（五）德国的环境保护税制

在德国，税收一直被视为是提高能源价格以达到控制资源消耗、减少污染排放的有效手段。德国颁布了《引入生态税改革法》，实施了“五年五阶段”的能源税改革。

德国政府采用包括税收返还的一揽子改革方案，以平衡各方利益。为了降低改革的阻力，德国在改革前就声明，此次改革的目的是实现温室气体减排与降低劳工成本、增加就业的“双重红利”，采取的是降低社会保障费的税收收入的不温不火的中性改革；对工业和公共交通等需要保护的行业实施低税率。德国政府通过税收返还的方式，把收缴上来的一部分环境税收入用于可再生能源计划，其余部分给予税收返还。当新能源产业出现产能过剩、效率低下现象时，德国政府开始逐渐减少相关产业的补贴，引导其高效发展。

（六）德国公民的环保意识

德国的环境与德国民众对于环境问题的重视程度是分不开的。德国人把保护环境视为仅次于就业的第二大问题。

德国的家庭在环境保护主体中占据着重要地位，并发挥着相当重要的作用。每个家庭都是社会中独立地拥有两种身份的个体，首先是排污者，其次也是被污染者，环保离不开家庭的支持。由于家庭的第一个身份，家庭必须遵从排污者付费原则，为倾倒垃圾付费。也由于家庭的第二个身份，家庭往往成为环保行动的发起者和支持者。德国的家庭垃圾是分袋放的，各种垃圾袋的颜色、种类也因地方不同而不同。例如，某个城市可能把黄色塑料袋用来放化工垃圾，棕色袋用来放自然垃圾（水果皮等），蓝色袋用来放废纸等，绿色袋用来放玻璃等。每个家庭都按规定对其产生的垃圾物进行分类处理，家里至少要准备 4~5 个垃圾桶，分别装生态垃圾、化工垃圾、可回收垃圾和普通垃圾，这还只是粗放分类，至于公共垃圾桶，除了把这些垃圾分门别类地装进不同颜色的桶，还要进一步把不同颜色的玻璃瓶扔到相应的玻璃专用桶，这非常有利于环境保护工作的开展。

德国非常重视环保教育，每个孩子从幼儿园起就接受环境保护教育，德国有关幼儿园教育的法规规定，幼教要把教导儿童保持自己以及周围环境的卫生作为一项重要内容。

三、德国的环境保护对我国的启示

（一）赋予警察环境保护职能

赋予警察环境保护职能，能够从源头上查询和处理污染，可有效提升各类环境污染的监管质量。

（二）创新财政投入手段，发挥财政资金引导功能

德国财政资金的投入更多的是发挥引导功能，德国综合运用财政预算、设立基金、补贴、贴息、担保等多种形式的财政手段，让财政投入发挥的效益达到最大化。

在财政补贴的使用方式上，德国多采用财政贴息这类间接优惠方式，这样既可以调动银行贷款和其他社会资金投入绿色经济发展领域，放大财政资金的支持功效，又可以灵活运用金融的项目扶持等措施促进环保产业成长。

（三）提升我国环境税实效

自 2018 年 1 月 1 日起，排污费正式退出历史舞台，我国正式开征环保税。环境法规定的大气污染物税额为每污染当量在 1.2~12 元，各省份可以在上述单价 10 倍范围内选择具体的适用税率。这样的做法虽然能在一定程度上发挥地方政府的主动性，但也可能造成各地税率不一，同行业企业税负不同的问题，影响企业执行新法的积极性。

（1）在地方政府可调控税率的幅度过大的问题上，应该进一步完善排污监管与调查，进一步细化与规整各企业排污征税标准，充分征求企业与政府两方的意见，在做好环境保护、发挥好环保税力量的前提下，尽量调动地方政府征税的主动性和企业生产的积极性。

（2）因为环保税征收管理的专业性和技术性较高，税务机关需要在环保税征管实践中逐步提高自身的征管能力。尽快培养兼有环保知识和税务知识的复合型人才，加强政策宣传解读和纳税辅导等工作。同时，加强信息技术在税款征收中的运用，加强针对企业排污的技术监督，做到精准监督。

（3）完善目前尚未规定的污染排放标准，结合实际情况设立严格的排放指标，发挥好税收的调节作用。

（四）调整产业政策

随着科技的不断发展以及第四次工业革命的到来，新兴产业取代传统产业的步伐已经不可阻挡，在这种时代潮流下，我国应该做好以下几点：

（1）加快产业转型，重视新兴产业。我国应加大对知识技术密集型产业等低能耗产业的扶持力度，加快这类新兴产业取代传统的高污染、高能耗企业的速度。对于不能完全取代的传统产业，应当逐步关停高污染、不合规的小作坊、小工厂，同时应促进此类高能耗、高污染企业的集约化发展，以此保证此类企业的资源最优化以及污染最小化。

（2）重点促进环境科研成果应用转化。加强企业与大学、科研场所之间的合作，将理论与应用相结合，大力促进科技孵化园的发展。

（3）努力推进清洁能源和可再生能源的产业化。2017 年 5 月 18 日，我国成功开采可燃冰，标志着我国在清洁能源发展的进程上又迈出了一步，但是距离可燃冰的商业化、产业化发展还很远，对此我国应该加快可燃冰产业化进程，这不仅能加大我国环境保护的力度，更能提高我国的就业率。与此同时，光伏产业和风能发电产业在清洁可再生能源中的地位也不可小觑。

（五）加强环保知识教育，增强民众环保意识

首先，政府应该加强对环境保护的宣传力度，进而加强社会整体对于保护环境的理解与实践。同时，政府应该利用教育平台进行宣传，将保护环境的概念引入到教育体系中去。例如，将环保意识引入到小学教材中，从小开始培养孩子的环保概念。

其次，家庭作为组成社会的其中一个单位，要注重在家庭中营造保护环境的氛围。例如，将垃圾分类、节约用水等概念从家庭角度灌输给孩子。

最后，大众媒体作为当下主流的宣传方式，应当发挥其应有的作用。随着大众媒体对大众影响的逐渐提高，大众媒体的监督作用也日益明显，充分发挥大众媒体对高污染企业，以及其他破坏环境行为的监督作用也能够织就环境保护的防护网。

参考文献

［1］陈海嵩. 德国能源供需政策及能源法研究［J］. 法治研究，2009（4）：24–27.

［2］张艳纯，刘建民. 碳减排目标约束下的财税政策创新［J］. 上海经济研究，2011（5）：16–21.

［3］潘文轩，杨波. 税收负担的结构性失衡与调整［J］. 经济与管理，2013（5）：35–37.

［4］苏明，许文. 中国环境税改革问题研究［J］. 财政研究，2011（2）：3–5.

［5］姜增清. 借鉴成功经验　加快生态环境保护建设［J］. 创新科技，2013（5）：6–9.

［6］岳尚华. 环境治理开启破冰之旅［J］. 地球，2013（4）：3–7.

［7］陈海嵩，任世丹. 德国环境立法及其对我国的启示［J］. 政法学刊，2009（3）：10–15.

[8] 弗兰西斯·斯奈德. 欧洲联盟法概论 [M]. 北京：北京大学出版社，1996.

[9] Jürgen A. Philipp. 欧洲和德国的钢铁工业的环保现状和发展 [J]. 中国冶金，2004（3）：8-10.

[10] Hansotto Drotloff. Reduction of Emissions by Chemical Industry from the GermanEmission Control Act to the Industrial Emission Directive（IED）[J]. Procedia Technology，2014（12）：637-642.

[11] Jorge A. Rodriguez，Frank Wiengarten. The Role of Process Innovativeness in the Development of Environmental Innovativeness Capability [J]. Journal of Cleaner Production，2017（142）：2423-2434.

[12] 谢一民，龚燊，贾宝桐. 烟气排放标准欧盟2000与国标（GB 18485—2014）对比 [J]. 工程技术，2017，39（3）：308.

[13] 刘岩. 德国《循环经济和废物处置法》对中国相关立法的启示 [J]. 环境科学与管理，2007（4）：25-28，34.

[14] 张洁. 德国环境绩效评估成果对中国环境保护的启示 [J]. 环境科学与管理，2010（1）：12-15.

第六章　英国环境保护对策与借鉴

英国是位于西欧的一个岛国，属温带海洋性气候。受海洋影响，英国全年气候温和湿润，适合植物生长。英国工业发展得较早，经历了工业发展造成的“雾霾”等污染，英国政府采取了一系列相关措施，使环境得到巨大改善。面对环境污染的困境，英国充分发挥政府宏观调控职能，设置了专业科学的环境治理机构，制定了严密完整的环境政策法规，同时在先进的环境监测治理技术和配套的国民教育等相关政策和制度的支持下，形成了完善的环境治理体系，最终使得英国的环境状况得到了切实的改善，其在治“雾”方面的经验值得我国借鉴和学习。

英国的烟雾事件

英国一直是一个多雾的国家，被人们称为“雾都”。但在1952年伦敦发生了一次严重的环境污染事件后，“雾都”有了另一个解说。

1952年12月5日至9日整个伦敦都被灰黄色的浓雾笼罩。一开始人们并未在意，因为黄色烟雾在当时已是伦敦的常态。其后几天，医院的入院申请、急救病床设备申请、肺炎报告以及死亡人数都达到了高峰，英国人这才意识到问题的严重性。在这期间，48岁以上人群死亡率为平时的3倍；1岁以下人群的死亡率为平时的2倍。究其原因，20世纪伦敦的工业排污量非常大，每天都有1000吨的浓烟从烟囱中飘出。1952年12月5日，大量的二氧化硫从烟囱中排出后被氧化，在混合了水蒸气之后，形成了800吨的硫酸。空气不流通时，这些污染严重的黄烟被“困在伦敦上空”。根据资料，1952年12月5日，伦敦全市平均烟雾浓度和大气中二氧化硫的浓度迅速升高，8 日前后达到最高峰，分别为 1600μg/ m^3 和百万分之 0.7μg/ m^3，是平常数值的 5~6 倍，伦敦中部的烟雾浓度比平时高出 10 倍。伦敦烟雾事件时段的空气质量见表 6-1。

表 6-1　伦敦烟雾事件时段的空气质量

24 小时平均值	1952 年伦敦烟雾事件
主要污染日均值	SO_2：3830μg/ m^3；黑烟：4460
与 WHO 空气质量标准相比	超标 190 倍（SO_2：20μg/ m^3）
与中国环境空气质量标准相比（二级标准）	超标 26 倍（SO_2：150μg/ m^3）

资料来源：清洁空气联盟秘书处。

一、英国环境保护主体及结构

英国的环境治理机构源远流长，早在“二战”期间，公民的环保意识已经开始觉醒，但这时的政府仅仅是给予一些环保组织准官方地位，直到 1969 年，威尔逊成立皇家环境污染问题委员会。1970 年希斯上台后主张组建一个新的环境事务部，随着中央污染科学防治小组转入环境事务部的编制，英国环境保护机构的雏形基本形成。如今，英国的环境治理机构划分清晰，权责明确，主要根据职能划分为三级管理机构，即环境、食品和农村事务部，环境署和地方政府。环境、食品和农村事务部负责制定与环境保护相关的政策和制度法规。对应的环境署主要负责执行环境、食品和农村事务部制定的各项政策和制度法规。地方政府的工作主要是负责管理本地区的环境保护事务。

除官方政府部门外，英国的环境非营利组织从一开始就在环境问题上扮演着重要的角色。而且随着非营利组织自身在政治、经济、社会和技术等方面的不断发展壮大，如今的非营利组织不仅在通过公众舆论影响政府决策方面起到了重要作用，而且在促进环保法律法规的制定、实施和完善等方面也发挥着重要作用，成为了国家和市场调节失效的有效补充，有力地促进了英国环境保护法律体系的完善和环保事业的发展。

英国的环境保护机构组织构成见图 6-1。

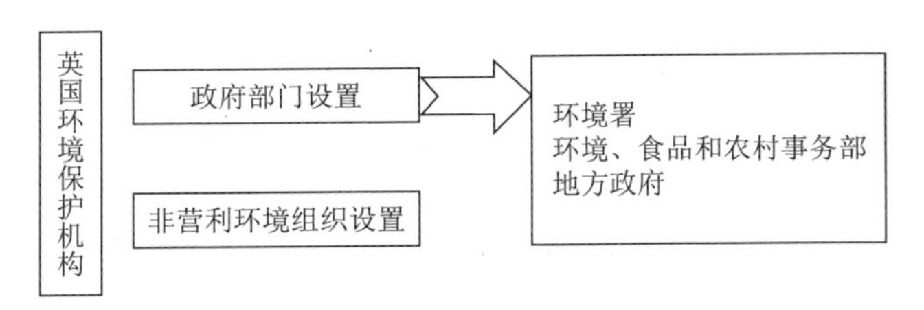

图 6-1　英国环保机构组织架构

资料来源：英国环境局。

二、英国政府环境保护的具体对策

（一）系统完备的法律制度

法律是英国政府治理环境污染的重要手段，根据英国政府所遵守和执行的环境方面法律的等级层次划分，英国环境保护部门在环境管理方面执行的保护性政策法规可分为五个级别：第一级是联合国欧洲经济委员会制定的公约，如哥德堡协定；第二级为欧盟和欧共体颁布的环境保护战略和政策，典型的政策法令如《环境空气质量指令》；第三级是环境、食品和农村事务部按照英国本国实际状况制定的环境保护性政策法规；第四级是环境署颁布的一些相对具体的各类技术导则和实际工作中的一些污染控制、监测办法；第五级是地方政府发布的有关空气质量监测、管理及污染控制等方面的规划。

从英国环境保护法律涉及的内容和领域来看，英国环境法律涉及方方面面并且不断具体化。其中《清洁空气法》《制碱工厂法》是英国污染法规体系中的两大支柱。制定《制碱工厂法》是为了解决食盐制造苏打碱的过程中有毒气体的排放。该法规也被应用在其他工业上，其控制范围扩大，最后形成了现今的《碱业法》。在《清洁空气法》实施之前，《制碱工厂法》是英国控制企业有毒气体排放的唯一法规。

《共同的遗产：英国人环境战略》《公众健康法》《污染控制法》《水资源法》《食品与环境保护法》《1990年环境保护法》《1991年规划与赔偿法》等法律为英国环境保护法律体系的重要补充，它们分别从不同的领域对环境保护做出了细致具体的规定，共同组成了英国强大的环境法律体系。

（二）完善的财政税收政策

环境保护作为公共物品，理应由政府负责，政府作为宏观调控的主体，应综合运用经济手段、法律手段和行政手段来对市场经济进行干预和引导，以保护生态环境，构建和谐社会。英国政府充分发挥了其宏观调控的职能，综合运用宏观调控手段，实行绿色税收，促进了英国环境保护事业的发展。

1. 环境保护的税收手段

（1）气候变化税。为了促进能源资源的高效利用和新能源的推广，实现节能减排的宏观目标，英国从2001年开始征收气候变化税（CCL）。气候变化税作为一种销售税，主要是对工商业和公共部门使用的石油、天然气和固体燃料等能源征税。在征税对象的设计上，英国充分考虑了国民的税收负担问题，为了避免居民生活水平下降，国内能源的消费者和慈善团体不属于气候变化税的征收对象。此外，气候变化税实行的是从量计征，并且税率随通货膨胀的变化而逐渐调高。气候变化税的税收收入专门用于环境保护事业和新能源技术的研究与开发利用。气候变化税主要税率见表6-2。

表6-2 气体变化税主要税率

应税商品	2016年4月1日起税率	2017年4月1日起税率	2018年4月1日起税率	2019年4月1日起税率
电力（kW·h）	0.00559	0.00568	0.00583	0.00847
天然气（kW·h）	0.00195	0.00198	0.00203	0.00339
液化石油气（kg）	0.01251	0.01272	0.01304	0.02175
其他应税商品（kg）	0.01526	0.01551	0.01591	0.02653

资料来源：英国环境保护官方统计局。

为了提高企业竞争力和资源利用效率，英国政府还制定了一系列相关的配套措施，例如，2010年出台的气候变化税减征制。政府为了鼓励企业积极主动参与节能减排，事先与企业签订一项节能减排协议，如期完成协议的企业有资格获得气候变化税的税收优惠和减免特权。此外，英国政府对农业部门、可再生能源部门和新能源部门的企业也实行了相应的气候变化税税收减免政策，以此鼓励环保工作的开展。

（2）车辆消费税。汽车尾气是污染环境的元凶之一。为了控制汽车消费产生的环境污染，英国政府实施车辆消费税。最初的车辆消费税是根据排气量来征收费用的，直到2001年3月，车辆消费税才开始以汽车单位公里二氧化碳的排放量作为计税依据。英国的车辆消费税不断发展，到了2010年4月，英国政府还引进了一项新的首年车辆消费税，以充分发挥车辆消费税在汽车购买这个最初环节对消费者的消费引导作用。为了控制伦敦市区的车辆消费，伦敦政府还对进入伦敦市区的重污染和大排量车辆征收额外的机动车环境税。英国机动车纳税税率见表6-3。

表6-3 英国机动车纳税税率

二氧化碳排放量（克/千米）	汽油（TC48）和柴油车（TC49）（英镑）	替代燃料汽车（TC59）（英镑）
0	0	0
1~50	10	0
51~75	25	15
76~90	100	90
91~100	120	110
101~110	140	130
111~130	160	150
131~150	200	190
151~170	500	490
171~190	800	790
191~225	1200	1190
226~255	1700	1690
超过225	2000	1990

资料来源：高世星．英国环境税收的经验与借鉴［J］．涉外税务，2011（1）：51-55.

注：上表仅为登记汽车时首次纳税。

通过表6-3可以发现，英国的车辆消费税是按照车辆的二氧化碳排放量设置的。英国的车辆消费税与其他国家相比级数更多、更加细致。

（3）机场旅客税

由于航空运输的排放对环境也会造成污染，英国从1994年11月1日起开征机场旅客税。机场旅客税由航空公司或者飞机票的票务代理公司在向旅客出售机票时代为征收，税率的高低根据旅客行程距离的远近和所选舱位的等级来综合确定。开始时，机场旅客税的税率级差是二段式且税额较低，之后曾多次调高，自2010年11月1日起，级差调为四段式。英国机场旅客税征税额变化情况见表6-4。

表6-4　英国机场旅客税征税额变化情况

实施（变化）日期	英里数（从伦敦到目的地）	经济舱（英镑）	头等舱（英镑）	备注
1994年11月1日	欧洲区域	5		
	欧洲区域以外	10		中国地区
1997年11月1日	欧洲区域	10		
	欧洲区域以外	20		中国地区
2001年4月1日	欧洲区域	5	10	
	欧洲区域以外	20	40	中国地区
2007年2月1日	欧洲区域	10	40	
	欧洲区域以外	40	80	中国地区
2009年11月1日	0~2000英里（一级）	11	22	
	2001~4000英里（二级）	45	90	
	4001~6000英里（三级）	50	100	中国地区
	>6001英里（四级）	55	110	
2010年11月1日	0~2000英里（一级）	12	24	
	2001~4000英里（二级）	60	120	
	4001~6000英里（三级）	75	150	中国地区
	>6001英里（四级）	85	170	

资料来源：高世星.英国环境税收的经验与借鉴［J］.涉外税务，2011（1）：51-55.

（4）垃圾（填埋）税和垃圾桶税。为了促进垃圾的优化处理与回收利用，引导人们节约资源和保护环境，减少垃圾处理产生的碳排放，减轻环境污染，1996 年 10 月 1 日，英国政府开始征收垃圾（填埋）税。这项税收建立在对垃圾的严格分类之上，英国政府将垃圾分为一般垃圾、低税率垃圾（无法直接回收，但可以经过处理降低其污染程度的垃圾）和免税垃圾（可直接回收利用的废物垃圾）。针对不同的垃圾，英国政府本着保护环境促进垃圾回收利用的初衷确定了不同的税率和征收方法，具体见表 6-5。

表 6-5　垃圾（填埋）税税率

垃圾分类	税率（英镑/吨）
免税垃圾	0
低税率垃圾	2.65
一般垃圾	84.40

资料来源：英国环境官方统计局。

为了减少垃圾填埋处理所造成的碳排放和环境污染，鼓励居民养成绿色环保的生活习惯，引导人们树立绿色环保的生态理念，减少一般垃圾的产生，英国政府从开始征收垃圾税之后，每年不断提高一般垃圾的税率。1999—2004 年，平均每年每吨提高 1 英镑；2005—2007 年平均每年每吨提升 3 英镑；2008—2010 年平均每年每吨提升 8 英镑。随着税率的提高，英国一般垃圾总量逐年减少。

英国政府按照废物处理优先的原则，利用焚烧发电等先进的废物处理技术，在垃圾处理的各个环节都尽可能地回收利用，对于最终无利用价值的废物再进行填埋处理，以便最大限度地减少垃圾的处理压力。

针对废物回收利用率低和垃圾填埋污染高且压力大的状况，英国政府从 2009 年 11 月开始，在伦敦实施依据垃圾量来征收的垃圾桶税。垃圾桶税税收方案要求每个英国家庭都要对生活垃圾进行具体细致的分类，而且垃圾桶由地方议会统一免费发放。特制的垃圾桶配备有专门的小型电子芯片，可以记录户主的垃圾量等相关数据，以便于垃圾桶税的征收与管理。

（5）购房出租环保税。为了进一步引导民众养成绿色环保的生活习惯，切实发挥税收对居民生活的导向功能，英国政府设定了所建房屋“零排放”的目标。从 2008 年 10 月开始，英国人出租房屋，要缴纳一项新的环保税。这种被称为“绿色税”的税种要求出租房屋的主人支付 200 英镑，才能取得出租许可证。新规定要求“购房出租族”在出租房屋前必须聘请一个合格的能源检查员对他们房屋的能源消耗进行级别评定，房主必须为定级后的出租房取得出租许可证，这个许可证的有效期为 3 年。

（6）石方税（即采石总量税）。采石采矿会对地面路况造成破坏，矿物的加工处理会产生噪声和空气污染，大规模的采矿会损害生态环境。为了维护生态环境，治理采石采矿对环境的破坏，英国政府从 2000 年 4 月 1 日起推出石方税。英国在其所属的陆地和水域范围内，对进行石方（主要是矿石、沙粒、沙子、石头等）开采的企业和个人征税，石方税采取定额税率征收。该税收以减少石方开采总量为目标，对再生矿物制品不征税，对已税石方和回收的石方不再重复征税，从而有力地减少了石方开采数量，发挥了石方税促进经济和环境协调发展的作用。

（7）燃油税。英国政府对交通运输所使用的燃料消费和其他燃料的使用开征燃油税，征收项目主要包括汽油、柴油、天然气等。近几年，燃油税的税率由于通货膨胀有所上涨，在一定程度上起到了节能减排、保护环境的作用。

除了上述主要的环境税税种，英国在企业所得税、增值税、物业税、印花税和电力附加等税收的设计和政策制定上，十分注重对环境的保护。

2. 环境保护的经济手段

（1）碳基金。成立于 2001 年的碳基金是英国政府投资的、独立运行的法人企业，其运行资金的主要来源是英国政府征收的气候变化税。英国政府对于碳基金的资金来源和使用设定了严格的管理和监督制度，切实保障碳基金运行的高效畅通，碳基金在促进环保技术的研发、应用推广和减少社会碳排放等问题上发挥了重要作用。

（2）温室气体排放交易体系。英国建立了新型的排放交易体系，在世界温室气体排放机制中具有首创性。该交易体系实行减排信用和配额两种交易模式，前者根据企业污染物排放现状规定减少排放的额度，要求企业在一定时期内减少污染物排放量，企业减排量超过预计额度的量为信用额度，可以交易；后者是管理部门先确定一定时期区域内污染物排放量的上限，再将指标按一定方式分配给区域内的企业，企业的减排可在企业间进行交易。

在该体系下产生了两种类型的企业，即由于获得英国政府资金的补助而自愿承担减排目标的企业和自愿与政府达成协议并承担排放目标的企业，为保护企业竞争力，英国政府对这些企业都给予了相关的税收优惠政策。

（3）可再生能源发展机制。可再生能源发展机制包含可再生能源义务机制、切实的上网电价补贴政策和可再生供暖的激励政策。三项政策都对英国的绿色能源使用尤其是电力能源的绿色发展起到了积极的促进作用，促进了英国太阳能、地热能、生物质能和潮汐能等新能源技术的研发和普及应用。

3. 其他环保政策及财政支出政策

英国政府按照欧盟的整体农业政策，由环境、食品和乡村事务部即农业部每年向各农场主进行财政补贴。财政补贴的资金主要来源于欧盟的拨款，该财政补贴对农场主提出了相应的资格要求，首先就是农场的生产经营必须以农业生产为主，其次是农场的生产开发必须满足欧盟制定的交互标准中的环境保护和生物多样性的客观要求。

为了更全面完善地保护农业生态环境，英国农业部和其他环境署制定了许多环保项目，这些项目以保护生态环境为最终目标。

英国环境保护的一个重要措施是注重全民的环境教育，政府注重公民环境教育的开展，支持环境教育项目的实施。英国教育部从小学就开始实行著名的“卢卡斯教育模式”，即“关于环境的教育”“通过环境的教育”和“为了环境的教育”，注重从小对公民环保意识的培养，在各种学科的设置和规划上有意地培养学生的环保思维，有力地提升了国民的环保素质。

（三）英国环境保护的财政支出

英国注重环保支出，环保支出总量不断增加，其中废物治理支出增幅巨大，见图 6-2。

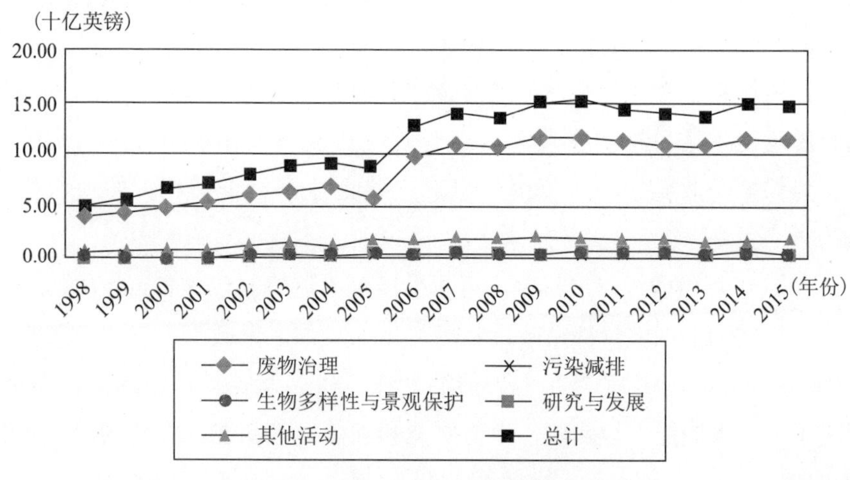

图 6-2　1998—2015 年英国环保支出

资料来源：英国环境官方统计局。

由图 6-2 可以看出，1998—2015 年，英国政府环保支出从 41 亿英镑增至 147 亿英镑，增加了两倍多，可见在经历了“雾都”事件后，英国政府对环境保护的重视程度逐渐上升，且不断增加环保支出。自 2006 年以来，英国政府生物多样性与景观保护支出占政府总支出的比例一直相对稳定，1998—2015 年废物治理支出不断增加。

（四）英国环境保护的税收政策

英国的环境保护税呈现出不断增加的特征，占 GDP 的比例稳定在 2.5%左右，1999 年接近 3%，见图 6-3。

由图 6-3 可看出，环境税收入在国内生产总值中的比例大致稳定。1997—2016 年，环境税收入占国内生产总值的份额在 2.0%~3.0%。

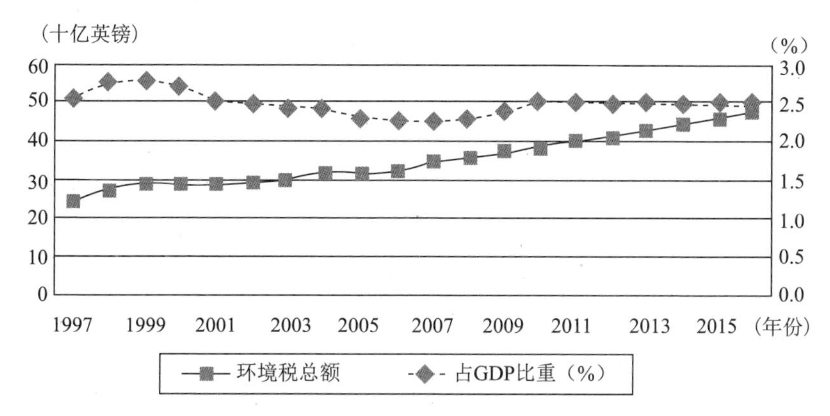

图 6-3 1997—2015 年英国环保税总额及其占 GDP 比重

资料来源：英国环境官方统计局。

三、英国环境保护对我国的启示

（一）立足国情，明确环保任务和目标

改革开放以来，我国经济取得了巨大发展，但是经济大发展同时伴随着资源的巨大浪费和环境的严重破坏。我国正在逐步认识到生态环境的重要性，开始注重协调经济和环境之间的关系。面对环境发展的短板，我国要充分发挥社会主义国家政府的宏观调控作用，加强政府各部门的工作效率，切实发挥各项经济政策和财政政策的调控作用，破除环境事业发展的瓶颈，保障环境保护事业稳步发展。

（二）完善立法，严格执法

首先，应做到有法可依，建立完善的环境法律体系，制定严格的环保规章制度，注重各法律和制度之间的协调与配合。其次，要加强法律的实施和监管。法律的生命在于实施和执行，政府部门应该做到有法必依，稳步提高执法质量和水平，同时要建立全面严格的执法监督体系，真正做到违法必究，保障严格执法，打造服务型政府。

（三）综合运用经济机制与政策

首先，我国应建立专门的环境治理机构，明确责任，做到权责清晰；应当借鉴英国环境治理的财政政策和货币政策，加大对环保事业的财政支持力度和税收优惠幅度。

其次，完善我国的环境税税收体制框架，构建完善的环境税制，引进新型环境税税种，改进现有的环境税税种，不断优化环境税的税制结构。

在税率和税种的选择上应当兼顾效率与公平，提倡税收约束和税收激励相结合，坚持税收中性的原则，在不影响居民生活水平的基础上，切实发挥环境税对全社会节能减排任务的促进作用，促进企业对新能源的开发利用，引导居民树立绿色环保的生态环境意识，培养绿色清洁的生活方式。

最后，积极借鉴英国在环境方面实施的经济手段，立足国情发展碳基金、可持续发展机制和温室气体排放交易体系等项目，加大对新能源产业的支持力度，促进新能源技术的研发和推广。

（四）重视引进先进技术

环保事业的发展离不开先进的技术支持，环保技术的研发和推广需要充分发挥政府和市场两个主体的作用。政府应当加大对新能源的研发力度和推广利用，利用各项宏观政策给予新能源技术和新型环保项目的研发政策照顾和资金支持。企业也要切实承担起社会责任，注重节能减排，把握好市场方向，注重新能源的研发和推广使用。我国在自主研发的同时，还应积极引进国外先进的环境技术，加强区域和国际性科研技术部门的合作交流，从而更好地满足经济全球化背景下的竞争需求，更好地完成新时期的环境保护任务。

（五）加强全民环境教育

英国通过环境教育投资有力地提升了国民的环保意识，我国应当借鉴其经验，加强环境教育，引导人们从小做起、从自身做起，保护生态环境。

参考文献

［1］梁鹏. 英国环境管理的经验与借鉴［J］. 海外，2012（1）：88-91.

［2］魏磊. 英国生态环境保护政策与启示［J］. 节能环保，2008（12）：15-17.

［3］高世星. 英国环境税收的经验与借鉴［J］. 涉外税务，2011（1）：51-55.

［4］李振京. 英国环境税税收制度及启示［J］. 宏观经济管理，2013（3）：80-83.

［5］谢颖. 英国环境税制的演变及效应评估［J］. 生产力研究，2014（9）：59-61.

［6］李景光. 英国的环境保护政策及措施［J］. 中国软科学，1992（1）：22-26.

［7］张晓露. 英国环境教育的“卢卡斯模式”“关于环境的教育”“通过环境的教育”“为了环境的教育”［J］. 全球教育，2014：22-28.

［8］包茂宏. 英国的环境史研究［J］. 中国历史地理论丛，2005（20）：135-147.

［9］贾小梅，彭欣然. 英国生活垃圾污染防治研究［J］. 环境科学与管理，2017，42（5）：71-73.

［10］谢来辉. 气候变化税：潜在的绿色贸易壁垒［N］. 中国环境报，2007-04-06（3）.

［11］王淑杰. 英国：汽车消费税改革凸显“绿色环保”［N］. 中国税务报，2006-04-05（7）.

［12］孙冰，田蕴，李志林 . 英国环境影响评价制度演进对中国的启示［J］. 中国环境管理，2018（10）.

［13］王越. 英国空气污染防治演变研究（1921—1997）［D］. 西安：

陕西师范大学，2018.

［14］张亚欣. 英国空气污染及其治理研究（1950—2000）［D］. 郑州：郑州大学，2018.

［15］环境保护部宣传教育司公众参与调研组 . 英国在环境共治与环保公众参与方面的经验及对我国的启示［J］. 环境保护，2017，45（16）：67-68.

第七章　法国环境保护对策与借鉴

法国是欧洲老牌工业强国，其地理位置得天独厚，拥有丰富的自然与文化遗产。法国位于欧洲大陆西部，是西欧面积最大的国家，大部分地形为平原和丘陵，境内河流众多，纵横交错。法国在应对自然环境恶化和资源枯竭、推进生态文明建设方面起步甚早，并取得了显著成效，其环境保护的具体实践值得我国借鉴。法国政府高度重视环境问题，从法律、组织和制度建设等方面给予保障，广泛动员社会各部门协同行动，并积极运用多种财税政策，除此之外，公众参与环境保护制度在法国的环境保护法中占有重要地位，推动了环保产业的迅速发展。

一、法国环境保护对策

法国是为数不多的环保典范国家之一，在环保机构设置、环保立法与执行、环境税和环保产业、环境保护资金投入等方面，能给我国提供诸多借鉴。

（一）法国的环保机构

1. 法国官方机构环境部

环境部全称为生态、可持续发展、交通运输和住房部，是一个综合性的部门，下设五个中心行政部门和一个总监察部门：财政与国际事务管理司，主要负责物质支持和横向协调；经济研究与环境评估司，主要负责智力支持；防治环境污染与风险管理司，承担管理重大风险的任务；水务管理司，负责保障水质以及水资源和水生环境保护；自然与风景管理司，负责制定自然保护区政策，并保护动植物生态领域。2007年，环境部按“大部制”的概念进行重组，扩大了生态与可持续发展部的职能，增加了新管辖范围，如能源、交通、旅游、海洋、住房等。

2. 环境大使代表处

环境大使代表处成立于2000年，主要任务是与环境部门以及其他相关部门密切合作，致力于加强国际之间环境问题的协调和代表法国在国际环境机构进行谈判。

3. 外交部

环境问题也是外交部需要同各国处理的重要事宜。外交部下设全球公共财产处、资源处、气候和能源处。

4. 非官方的环保机构

法国的许多环境保护协会实际上是专家性组织或一些著名的复核鉴定机构（见图7-1）。此外，南方协调组织，21委员会，社会和环境委员会，法国经济、自然环境联合会，活水协会等也是法国比较重要的非政府环保组织。

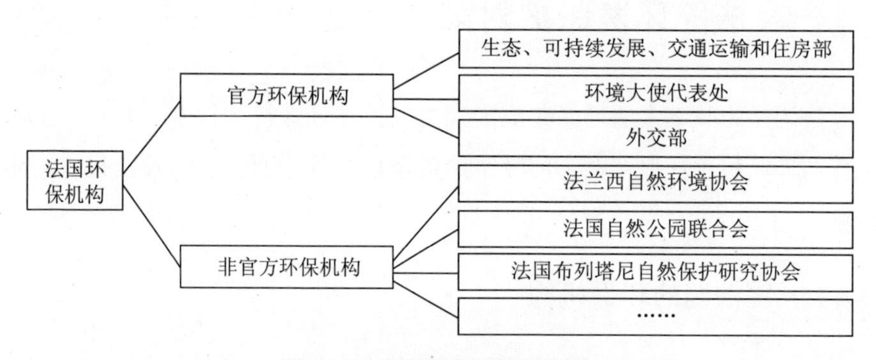

图7-1　法国环保机构结构图

（二）严格的空气质量标准

法国作为欧盟成员国之一，执行欧盟的环境空气质量标准，但是法国有更加严格的空气质量标准。欧盟现行颗粒物大气环境质量标准见表7-1。

表 7-1 欧盟颗粒物大气环境质量标准

污染物	浓度（$\mu g/m^3$）	平均时间	每年允许超标
细颗粒（PM2.5）	25	1 年	N/A
	10	1 天	N/A
二氧化硫（SO_2）	350	1 小时	24
	125	24 小时	3
二氧化氮（NO_2）	200	1 小时	18
	40	1 年	N/A
PM10	50	24 小时	35
	40	1 年	N/A

资料来源：欧盟委员会官方网站。

法国的颗粒物大气环境质量标准明显高于欧盟标准。以 2015 年为例，欧盟制定的 PM10 的 24 小时均值为 $50\mu g/m^3$，每年超过限值的天数不能超过 35 天，年均值为 $40\mu g/m^3$，而法国制定了更为严格的年均值标准（$30\mu g/m^3$）。欧盟关于 PM2.5 的年均值标准为 $25\mu g/m^3$，而法国的年均值标准为 $20\mu g/m^3$。

（三）环境立法与实施

1. 法国的环境立法

法国环境立法的特点是历史悠久、与时俱进。法国在 1917 年就出台了污染防治的单项法律，20 世纪 50 年代，法国对环境保护法律更加重视，制定大量有关水、大气污染与防治方面的法律。1960 年，法国出台了第一部《生态环境法》。此后，随着工业的发展，资源利用、废弃物回收、工业排放标准、新能源使用等这些与人们生产生活密切相关的可能产生污染的事项都被列入了法律规章。

法国在 20 世纪 90 年代编撰了第一部环境法典，成为世界上为数不多的颁布了环境法典的国家。环境法典编制历经了两个阶段：一是法规汇编法典化，法国通过建立一个高等委员会，对国内法律和规章进行调查，最后将其编为统一的文本，方便人们研读。这种方式把原本散乱无章的法律条文变得清晰明了，很有逻辑性。二是行政性法典化，负责法律工作的高等委员会采用了一种新的编纂方法，即将法典分为法律和规章两部分，议会主要负责法律部分，政府负责规章部分，二者各司其职，分别对现有的法律和规章进行制定、修改，这样的汇编也使法律更加清晰。2005 年，法国在对法典不断完善的基础上，推出了《环境大宪章》，使环境法正式成为宪法的一部分，把环境问题提升到了国家利益的高度。

2. 严格的立法过程

1990 年，法国成立了一个由专家、法官、律师及社会代表等组成的多领域的专家委员会。法国环境部和该专家委员会提交了制定环境法典的报告。专家委员会负责起草环境法典的纲要。2002 年，在环境宪章即将问世时，法国组建了一个由议员、科学家、法律专家、非政府机构和大企业代表组成的委员会，专门负责环境宪章草案的起草工作。宪章草案委员会准备了近一年的时间，举办了多场会议，发放 5 万多份问卷进行民意调查，最终形成了 10 款宪章草案。可以说，环境宪章是民主的产物。

3. 强化环保法律执行与监督力度

法国政府在法律实施方面，注重不同部门之间的职能分工、统筹管理，避免产生利益冲突，部门在行使职能时会充分考虑不同主体的利益，针对具体问题提出不同方案，最后择优采用。法律的部署工作，由地方基层单位统一负责，防止留有法律空白。

法国环境法的监督工作是由分布在法国各区的监察局全权负责的。监察局是直属法国环境部的机构，其主要工作内容是对辖区内各级单位定期或不定期进行环保情况检查，一旦发现不达标情况，就可以责令不合格单位限期整改，整改不到位的单位，要受到罚款、停业整顿等处罚。受检单位需配合环保检查，妨碍检查工作的行为将被定为犯罪行为。

（四）法国的环境税

1. 环境税主要税种

法国与环保相关的税种不少，主要包括石油产品消费税、碳税、能源税、运输税、污染税和资源税等。

法国环境税的设置不仅可有效引导消费、保护环境，而且能够鼓励创新，充分体现税收调控经济运行的职能。法国环境税的税基和税率会随着排污项目不同和时代的发展而变化，注重在保护工业竞争力的条件下，按污染程度和污染要素实行差别税收和多重税收。

法国环境税由中央和地方政府共同征收，共同支配，但都要专款专用。全国性的污染项目由中央和地方共同征收，一些地方性污染项目则由地方政府征收，这样有利于地方政府直接将其用于污染项目的治理，减少资金划拨程序，提高工作效率。

2. 灵活的税收政策

法国有着灵活多样的环保税收政策，包括灵活奖励使用生物能源、清洁能源、可再生能源的企业；灵活提高使用石油类能源企业的排污费收费标准，调高含铅汽油和高污染型能源的税率；对乘坐不满 4 人的小汽车收取进城费和停车费；对建筑物行业制定严格的环保标准；对节能降耗材料实行财政补贴，奖励环保设施到位的房地产企业。所得税方面，对废弃物处理设施、净化设施以及电动车船等节能设备允许采用加速折旧法，并对环保支出给予税前扣除的税收优惠。重金奖励节能减排方面的理论研究和产品研发。

关于环境税的收入，法国一向坚持专款专用的原则。如水污染税的主要作用是建立水净化厂。法国环保资金由环保部拨给下设的环境保护中心，再由环保中心计划资金的具体支出。每年会有专门的机构对环保资金的使用情况进行预算和审计。

（五）发展环保产业

法国环保产业有三大类：一是可再生能源产业，如太阳能、风能；二是低碳节能等智能项目；三是环保产业，如污水处理、垃圾处理、资源循环利用等。法国环保产业的发展成效不可小觑。截至 2017 年末，法国节能环保市场份额约达 800 亿欧元，企业数量约为 1.2 万家，其中大部分企业为中小企业和微型企业，但也不乏领跑全球的行业巨头，创造就业岗位近1.5万个。

法国环保产业的迅速发展依靠内外两股力量。一是企业内部，企业都会设立科研组织机构，有些还会与世界顶尖的大学进行合作，这种校企联合的模式确保了科研人员的高水平和科研成果的先进性。二是外部的财政支持，极大地促进了环保产业的发展，如在政府财税优惠政策的支持下，光伏产业产量短短两年翻了近7倍。

（六）注重财政环境保护资金支出

法国采取各种有利于促进环保的税收鼓励政策，极大地促进了企业和个人投资环保事业。对于计划超过法定最低环保标准的投资，法国政府予以补助，对企业的补助可占其支出的35%。若环保要求升级，还有其他补助。

企业可获补助投资的环保范围广泛，包括为降低污染、噪音、气味和保护环境的不动产、厂房和设备支出。企业实行环境审计还可获得80%的政府津贴。总之，法国环境治理资金投入主要为废水与饮用水、废物处理产生的相关费用，以及管理某些垃圾处理行业或回收市场的费用，除此之外，还包括保护空气、土壤、生物多样性和噪音控制保护等各项支出，以及公共环境机构的运作和进行研究、开发需要的一系列费用。

（七）其他环保措施

在法国，从政府到普通百姓的环保意识和责任感都很强。为鼓励企业和民众积极响应低碳出行号召，法国政府提供了一系列资金补贴。例如，从2016年4月起，将柴油轿车报废并更换为电动汽车的个人，可在购买电动汽车时享受政府提供的最高达1万欧元的补贴。在2015年12月的一次部长会议上，当时的法国环境部长提出，上述补贴范围将扩充至轻型货运或客运车辆，以鼓励运输行业人士使用电动汽车。从推广“零排放”车辆的效果上看，法国已有超过10万辆注册牌照的电动汽车，已成为欧洲电动汽车市场的领军力量。除了政府，法国民众的环保意识也很强，圣诞节期间，圣诞树是西方家庭必不可少的物件，但在法国，却没有人随意丢弃使用过的圣诞树。法国严格地执行垃圾分类制度，但与中国不同的是，这项制度并不需要任何部门或人员进行专门的监管，各个家庭都自觉遵守着垃圾分类的规定。除此之外，法国人十分注重保护森林资源和乡土景观，爱好种树植草，保护野生动物。政府保护森林的有关法律十分严密，公民植树实行终生养护，对占用砍伐林地的控制极为严格。

二、法国环境保护对我国的启示

（一）改革环保机构

1973 年我国设立了环境保护领导小组办公室，1988 年改为环境保护局，2008 年，国家环保总局升为国家环境保护部，下设总量控制、监测、防治、自然生态保护、核安全管理等司，但是管理权力相互交叉问题一直存在。法国环境部的大部制改革对我国环境保护部门改革有诸多启示。

一是成立专门的管理司。2015 年 2 月，中央部门批复同意单独设立水、大气、土壤三个管理司，一方面是对三个要素进行全面覆盖，另一方面是解决不同部委之间沟通困难的问题。

二是环境垂直管理，强化地方政府责任。环保靠的不仅是决策部门，更重要的是地方政府部门。我国现今工作难点是县级环保力量比较薄弱，改革必须朝着强化地方职能的方向走，坚持完善环保路程的“最后一公里”。垂直管理是要建立属地责任原则，鼓励地方政府在环境部的统一领导下积极探索自己的道路，加强法律政策的实施与监督。

（二）提升环境法规运行质量

提升中国环境保护法的全面性、预防性和权威性。个别立法存在缺陷，需要从宏观的角度去把握，提升环境立法的权威，提高环境立法的实效。具体做法是：第一，全面整合环境法，推进环境法的法典化。根据具体情况，对环境法典包含的环境法律做出界定范围，法典应该是具有开放性的，其内容要与社会发展相适应。第二，环境立法的过程不仅是政治决策的过程，也是一个广泛征集民意的过程。环境立法要广泛听取各领域专家学者的意见和建议。

加快环境保护税和绿色财税改革。我国首部“绿色税法”——《中华人民共和国环境保护税法》于2018年1月开始实施，该法规定环保税由税务部门征收，我国的排污费制度也将逐渐退出历史的舞台。该法的实施能促使企业升级改造，对产业结构调整有积极作用。此外，环境保护税全部作为地方收入的这项规定有利于调动地方政府参与环保的积极性，促进各地保护和改善环境，增加环保投入。但是，我国目前的环保税收政策存在范围小、优惠政策缺少有效性和针对性等问题，因此政策的成效并不明显。可以借鉴法国环境税制度，一是环境保护税顺应改革方向，结合实际，循序渐进。二是灵活制定征收标准。在既有的环境税率的背景下，具体问题具体分析，可以在部分地区有针对性地实施高税率，进一步缩小免征范围，提高企业治污减排的积极性。三是征收管理分工明确，纳税企业和收税单位都要明晰各自的责任。在环境保护税征收过程中，先由企业申报税费，经税务局审核后，企业根据审核数据缴纳环保税，纳税过程透明化。四是定期公开企业排污量和缴纳的环保税信息、环保税计税依据、征收标准规范化，时刻接受公众监督。五是税务部门在紧密合作的基础上建立环保数据库，实现信息共享。

（三）提高群众的参与度

一是保障公众参与、监督环保事业的权利。法国的环保法律对群众的权利做出了详细的规定，例如，公众调查制度是指公众发现环境污染情况后，可以自由地发表意见。在环境治理委员会中，普通群众需要占到一定的比例，对管理区域内存在的问题有权提出解决措施。

二是加大环保宣传的力度，通过政策引导全民环保的热潮。通过广播电视和报纸杂志等载体传播环保知识和环保理念；在社区印发宣传册，张贴环保画报，让居民真正了解“保护环境从身边做起”的道理；在学校设立环保课程，教育学生从小树立环保意识。

（四）加强国际合作与交流

一是为现有的官方或民间的环境保护组织提供必要的资金和技术支持提高其能力和水平。二是采取多边和双边结合的方式，与国际环保组织进行合作交流，学习国外先进经验；向亚投行、世界银行等申请配套资金，为人员技术培训、产品项目研发提供保障。三是中国环保市场潜力巨大，多与国外环保企业交流。我国在污水处理、废气净化、清洁除尘等行业依靠国外技术较多，引进来之后需要不断消化吸收和探索。

（五）鼓励和发展环保产业

一是完善环保政策。政府可根据“谁投资谁受益”这一原则出台促进我国环保产业发展的专门或单项法规。依法保护投资环保产业的合法权益；依法保障对环保产业投资长期化；依法约束和规范不利于环保产业发展的决策行为。

二是多方筹措环保资金。政府要高度关注环保产业的发展，着力解决环保产业发展最大的阻碍——资金问题。政府应允许环保企业通过上市、发行环保证券等渠道来解决投入资金不足的问题。同时，政府可以建立环保企业专项基金，支持环保企业的发展；在关键的领域还可以借助高校以及研究所的力量帮助环保产业突破技术瓶颈。企业应该关注国际环保技术的发展，提高环保产品的研发能力，缩短与世界的距离。企业应该不断进行技术创新，抓住环保企业的发展机遇，改变企业间的恶性竞争、比拼资金和价格的现状，依靠技术竞争、人才竞争、服务竞争取得竞争优势；必须加大对共性关键技术的投入力度，加快产学研结合，抢占制高点，进而在国际竞争中立于不败之地。

参考文献

[1] 杰拉尔德·格莱特，翟金秀，等. 环保行为的转变：以法国绿色和平组织为例［J］. 鄱阳湖学刊，2014（6）：112-116.

[2] 夏凌. 法国环境法的法典化及其对我国的启示［J］. 江西社会科学，2008（4）：177-181.

[3] 杨芬，吕凌燕. 法国环境税对我国的启示［J］. 学习与实践，2007（7）：91-95.

[4] 约翰·亨利·梅利曼，顾培东，禄正平，等. 大陆法系（第二版）［J］. 江苏警官学院学报，2004（2）：32-32.

[5] 李京坤. 法国的环保税制简介［J］. 江西财税与会计，2000（9）：47-48.

[6] 汪劲，骆建华. 法、意环境之行［J］. 世界环境，2002（3）：37-41.

[7] 丛丽娜. 我国环保产业发展现状及对策探析［J］. 环境保护与循环经济，2014，34（4）：67-69.

[8] 原雅娟. 欧洲各国环境保护措施［J］. 商业经济，2012（7）：28-31.

[9] 彭峰. 法国公众参与环境保护原则的实施及其对我国的借鉴［J］. 环境科学与技术，2009，32（11）：201-205.

[10] 杜放. 低碳家庭应成为生态环保税纳税人［J］. 深圳职业技术学院学报，2011，10（2）：3-7.

[11] Dominique Bourg, Kerry H. Whiteside. France' s Charter for the Environment: Of Presidents, Principles and Environmental Protection [J]. Modern & Contemporary France, 2007, 15 (2): 117-133.

[12] Burnete S, Ogunmokun A E. European Union: Spearhead of the Environment Protection Movement [J]. Human & Social Studies, 2017, 6 (3).

[13] Elichegaray C, Bouallala S, Maitre A, et al. État etévolution de la

pollution atmosphérique [J]. Revue Française Dallergologie, 2010, 50 (4): 381-393.

[14] 赵丽丽. 英、德、法三国农业环境保护经验对中国的启示 [J]. 农业工程技术, 2018 (8): 57.

[15] 王建学. 法国的环境保护宪法化及其启示: 以环境公益与环境人权的关系为主线 [J]. 暨南学报: 哲学社会科学版, 2018, 40 (5): 61-71.

[16] Helena Camille Bouchet. 中国和法国在环境保护方面的国际角色 [D]. 上海: 上海外国语大学, 2018.

第八章 日本环境保护对策与借鉴

现代人类社会面临着严重又复杂的环境问题，环境保护渐渐成为国际社会关注的焦点。第二次世界大战后，日本把全部国力放在经济和生产业的发展上，忽略了环境保护和民众身体健康，导致出现了大规模的环境问题。日本政府、企业与国民协力合作制定了环境改善和保护政策。现在，日本成为世界环境保护大国，有非常明确又细致的环境保护法律、环境教育、企业的环保发展等措施。这对我国研究环境保护措施具有很大的启示。

一、日本环境保护的必然性

“二战”后日本的各类污染都很严重，以二氧化硫污染为例，其各行业排放比例见表 8-1、图 8-1 和图 8-2。

表 8-1 日本各行业二氧化硫排放比例

(%)

年份	1955 年	1960 年	1965 年	1970 年	排放量顺序
电力	19.8	28.7	27.6	23.8	1
钢铁	13.8	14.7	13.8	18.7	2
硅酸盐（水泥等）	15.8	15.1	16.7	16.3	3
化工	16.0	14.7	14.3	14.9	4
造纸	10.3	8.8	9.5	9.1	5
纺织	16.0	10.2	8.7	7.1	6
石油、煤炭	2.8	3.2	4.3	4.7	7

续表

年份	1955 年	1960 年	1965 年	1970 年	排放量顺序
有色金属	2.3	2.1	2.1	3.0	8
食品	3.0	2.1	2.4	1.9	9
金属制品	0.3	0.3	0.4	0.4	10
制革	0.6	0.1	0.2	0.1	11
总计	100.0	100.0	100.0	100.0	共 11 种行业

资料来源：中国科学技术情报研究所．日本公害概况［M］．北京：人民出版社，1975：15.

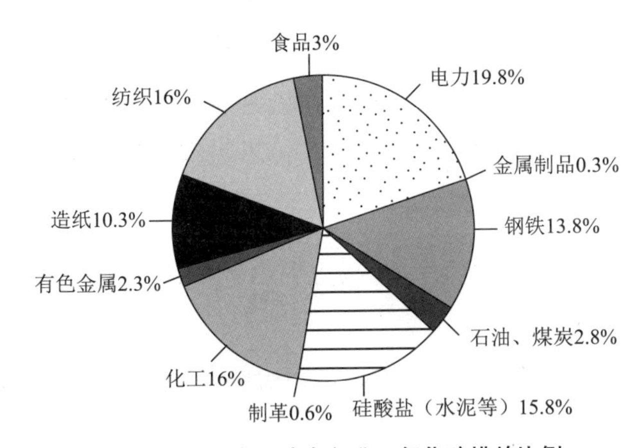

图 8-1　1955 年日本各行业二氧化硫排放比例

资料来源：中国科学技术情报研究所．日本公害概况［M］．北京：人民出版社，1975：15.

从表 8-1 可以看出，在产业发展初期，日本政府一味追求经济的高速发展，忽略环境保护，走了先污染后治理的道路。1950—1970 年，日本二氧化硫排放量集中在化工、石油、电力等工业行业。

20 世纪 80 年代以后，日本在资源节约和环境保护方面成效斐然，2016 年全球环境保护绩效指数（EPI）排行显示，日本排在第 39 名。中国社科院发布的《全球环境竞争力报告（2013）》绿皮书显示，日本环境竞争力排名全球第 6 位，亚洲第 1 位，因此，日本环境保护的诸多方面值得我们学习。

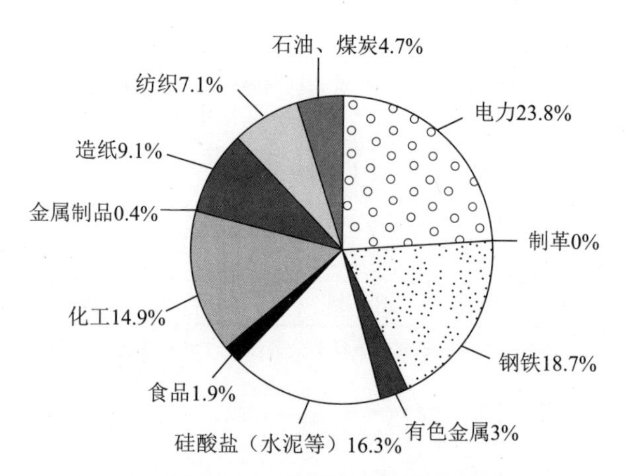

图 8-2　1970 年日本各行业二氧化硫排放比例

资料来源：中国科学技术情报研究所．日本公害概况［M］．北京：人民出版社，1975：15.

二、日本环境保护主体及结构

日本于 1967 年颁布了《公害对策基本法》，1970 年日本内阁设置公害对策本部，1971 年成立环境厅，2001 年环境厅升格为环境省，环境省类似于中国的环保部。环境省的组织结构见表 8-2，具体职责包括环境信息收集、制定环保政策、制定废弃物对策、防止公害、治理污染、保全自然环境。2005 年 10 月，环境省设立了地方环境事务所（都道府县、市町村环境审议会），主要职责是监督地方政府执法，发展废物循环经济，鼓励地方政府积极采纳气候变暖的措施，开展环境教育，提升社会环保意识，促进自然保护与发展等。可以说，日本从中央到地方各级政府都设有比较完整的环境保护机构。此外，日本工矿企业环境管理机构也比较健全，日本政府规定，凡是职工人数在 20 人以上的工厂，都要配备防治公害的环境专职管理人员。凡是排放烟尘达 40000m^3/h 或废水达 10000m^3/h 的大型企业，都必须设置主管公害的科（室）和配备管理公害的主任，负责解决企业中的公害防治技术与管理问题。

表 8-2 日本环境省的组织结构和职责分工

大臣官房	废弃物和再生利用对策部	综合环境政策局	环境保健部	地球环境局	水和大气环境局	自然环境局
旨在顺利推进环境行政	旨在构建循环型社会	旨在鼓励和引导所有社会主体自发地参与环保活动	旨在预防化学物质对人及生态系统造成影响	旨在把自然丰沛的地球资源留给下一代	努力实现清爽的空气、清澈的水质、安全的大地目标	力争实现自然和人类的和谐共生

资料来源：日本环境省官方网站。

三、日本环境标准

日本的环境基准是日本政府规定的保护人的健康及保全生活环境方面希望加以维持的标准。日本的环境基准是基于《环境基本法》而制定的。

（一）空气污染环境标准

日本的空气污染环境标准见表 8-3。

表 8-3 日本空气污染环境标准

物　质	环境条件
二氧化硫（SO_2）	1 小时的平均日值为 0.04ppm 以下，且 1 小时均值为 0.1ppm 以下
一氧化碳（CO）	1 小时的平均日值为 10ppm 以下，且 1 小时监测值的 8 小时平均值为 20ppm 以下
悬浮颗粒物（SPM）	1 小时的平均日值为 0.10mg/m^3 以下，且 1 小时值为 0.20mg/m^3 以下
二氧化氮（NO_2）	1 小时的平均日值应在 0.04ppm 至 0.06ppm 的区域内
光化学氧化剂（OX）	1 小时均值为 0.06ppm 以下

资料来源：ホーム. 环境基准 · 法令［DB/OL］. https://www.env.go.jp/kijun/taiki.html.

（二）水质、底部沉积物和土壤污染检测质量标准

水质、底部沉积物和土壤污染检测质量标准见表 8-4。

表 8-4　日本水和土壤污染质量检测标准

媒　体	参考值	测量方法
水质（不含底泥）	1pg-TEQ/g 或更低	日本工业标准 K0312 规定的方法
底部沉积物	150pg-TEQ/g 以下	用索格利特萃取水底沉淀物中所含二噁英的方法，并用高分辨率气相色谱质谱仪分析
土壤	1000pg-TEQ/g 以下	用索氏提取土壤中二噁英的方法，用高分辨率气相色谱质谱仪分析测量

资料来源：ホーム. 环境基准・法令 . 环境基准 [DB/OL]. https://www.env.go.jp/kijun/index.html.

四、日本环境保护对策

（一）环境规制

在日语中，规制是各类规章制度的总称，其核心目的在于规范。日本的环境规制就是环境保护的各类规范的总称。

1. 综合环境政策

日本的综合环境政策包括《环境基本计划》《环境白皮书》《有关增进环保意愿以及推进环保教育的法律》《有关推进国家机构等部门采购环保物品等的法律（绿色采购法）》；国家机构等公共部门全面实施绿色采购办法，整理出以生态标志为主的各种环保标志信息，并建立了相应的数据库，通过该数据库为全体国民提供相关信息；积极鼓励企业编写和发布《环境报告》；进行环境税相关的讨论；推进环境评估制度等。

2. 废弃物再生利用

日本废弃物再生利用类的法律分类详细、内容具体，规定了废弃物处

理清扫方案，并针对包装容器、家用机器、建筑耗材、报废汽车等不同废弃物制定不同的回收、再商品化、再资源化、再生利用等法律文件。例如，制造空调、电视机、冰箱和洗衣机等的企业依法对这些产品进行再生利用。

3. 化学物质

环境省施行系统的化学物质环境实态调查；采取科学手段对化学物质产生的环境污染风险进行评估（环境风险评估），并根据分析报告采取相对应手段减少环境污染风险；针对化学物质，日本规定了详细的审查制度和相应的限制手段，修订《有关化学物质审查及限制制造等的法律》《有关公害健康危害补偿等的法律》《有关对因石棉受到的健康危害给予救济的法律》等法律文件。

4. 地球环境和国际合作

针对地球环境保护，日本鼓励公民有效利用电视、互联网等新媒体手段，参与以“清凉着装提案”及“保暖着装提案”为主的具体的防止温暖化行动；此外，还提出把高环保质量生活模式作为“环保生活”，通过网页及宣传册介绍节能型产品的选购方法及使用方法等；推进对冰箱及空调等氟利昂的回收和销毁；推进东亚酸性雨监测网络（EANET）。

5. 大气环境、汽车对策及水土壤基岩环境的保全

日本制定了《大气污染防治法》《汽车 NO_x · PM 法》等法律，并于2005年与联合国地区开发中心共同设立了亚洲EST地区论坛，来分析商讨解决环境问题的良策；在水土壤环境保护方面，提出“亚洲水环境伙伴（WEPA）”，颁布了如《水质污浊防止法》《土壤污染对策法》《工业用水法》等诸多分类明细的法律。为了防止工厂公害，日本建立了相应组织（防公害管理者）。

6. 自然环境保护

日本制定了《外来生物法》《有关动物爱护及管理的法律》等保护自然环境的法律；根据环境保持状态划分不同的环境保护地区，以期进行差异化保全；在环境保护地区设立“护理员”，在护理区域内规范各种不利于环保的行为，并努力宣传和普及自然保护的知识。

（二）日本公众和企业的环保意识

20世纪60年代后，在经济高速发展和日本列岛开发等规划的影响下，日本的环境公害愈演愈烈，严重地干扰了居民的生活，并对居民健康造成极大危害。自此日本民众开始聚集起来进行反公害运动。反公害运动逐渐发展，成了全国性的运动。

日本政府出台了《公害对策基本法》，国民开始利用法律保护自己的权益。

20世纪60年代，日本开始加强对国民环保意识的培养，例如，成立“全国中小学环境教育研究会”“环境教育研究会”“日本环境协会”及“环境教育恳谈会”等组织，与此同时，日本的中小学也专门设立了有关环境保护的课程并开展环保教育实践活动。

（三）保证环保质量的社会机制

日本设立了公害投诉咨询员机制。按照《公害对策基本法》第21条规定，都道府县和市町村都要设置公害投诉咨询员，目的是对公害引发的法律纷争进行斡旋、调节和落实各项规制等。

日本的环境保护法规定，凡是对违反《大气污染防治法》《水质污染防治法》《废弃物处理法》和《与人健康有关的公害犯罪处罚法》等法律的公害犯罪人，警察有管制的权力。

日本的地方公共团体有权限对发生公害的源头进行检查，分析原因并提出处理措施，一旦查出与排放标准不符合，可以发出改善的命令和暂时停止运行的命令。由此可见，日本的地方环保团体具有很高的独立性。

五、日本环境保护对我国的启示

日本的环境政策总体上是很完善的，有很多值得我国学习的地方。

（一）加强环境立法

日本针对包装品专门制定了《有关促进包装容器分类收集及再商品化等的法律》，针对旧电器回收制定了《特定家庭用机器再商品化法》，针对臭氧层保护问题制定了《臭氧层保护法》《氟利昂回收销毁法》，针对绿色农业制定了《农药取缔法》等。我国在立法专业化方面和日本相比有差距，这是我们下阶段努力的方向。除此之外，我国还要加大环境保护的执法力度，打击严重违反环境保护法律的行为。

（二）细化环境保护内容

日本建立了环境基本计划制度、废弃物分类制度、废弃物再商品化制度、国立公园制度、节能住宅税收减免制度等。我国目前并没有如此具体细致的环保制度，随着我国社会环保意识的不断提升，这些制度都可用于生活规范并具体实施。

（三）统一协调的环境管理部门

我国2008年才成立环保部，环保部门还面临着职能不清、职权不明等问题。和日本相比，我国环保部门的统一协调性还不够，存在着“多龙闹海”的局面。譬如各种河流管委会、城市的园林管理处、自然保护区管理处等与环保部门的职责存在不同程度的交叉，因此，建立统一高效、权责分明的环境管理部门是我国环境保护部门改革的方向。

（四）加强环境保护宣传力度

日本环境省网站除日文外支持四种外文阅读（英文、法文、韩文、中文），凭借着四种外文，日本最大限度地向外传播了自己的环境政策。中国环保部的网站除简/繁中文外仅支持英文。日本对外通过举办国际性的环境论坛加强环保的交流与国策的国际传播。2013年中国社科院发行《全球环境竞争力报告（2013）》绿皮书，是积极加强我国在全球环境领域的

“话语权”的争夺与环境政策传播的积极尝试。除此之外，政府应出台对企业绿色发展的政策补贴及加大对违规污染环境行为的惩罚力度；在互联网大数据时代，利用微博、微信等新媒体和传统媒体加大我国环境保护政策的宣传指导。

（五）提高全民环保意识和参与程度

日本在经济高速发展同时也曾深受环境污染危害，但如今成为绿色大国，森林覆盖率达69%。究其原因，日本不仅通过对各种自然风景的评选活动潜移默化地提高国民的环境意识，而且非常注重对公民的环保教育，从小学就开始进行垃圾分类教育，从小培养公民的环保习惯，促使环保观念深入人心。我国应借鉴日本的经验和方法，在中小学生的教育中加入环保教育的课程，定期开展如“地球一小时”等提倡环境保护的活动，引导公民及企业积极参与环境保护活动中。

参考文献

[1] 孙世强，徐全红，赵慧敏．财政学［M］．北京：清华大学出版社，2011.

[2] 董立延，水俣病．现代社会的一面镜子：从公害发源地到环境模范都市［J］．福建论坛（人文社会科学版），2013（7）179-183.

[3] 张庸．日本四日市哮喘事件［J］．环境导报，2003（22）：31.

[4] 俞飞．四大公害诉讼，改写日本司法［J］．法庭内外，2013（10）：58-60.

[5] The World Bank. The World Bank Datebank ［DB/OL］. http：//databank. worldbank. org/data，2016/2016-04-6.

[6] Yale University. Yale - NUS University. Columbia University. global metrics for the environment ［DB/OL］. https：//issuu. com/2016yaleepi/docs/epi2016_ final/1？ e=23270481/32968129，2016/2016-04-06.

[7] ホーム．環境基準・法令［DB/OL］．http：//www. env. go. jp/

press/103560. html.

[8] 岳倩. 日本环境保护的历史考察（1955—2000）[D]. 苏州：苏州大学，2011.

[9] 朱英双. 日本的环境保护对我国的启示 [J]. 辽宁广播电视大学学报，2007（2）：57-58.

[10] 吴建华. 东瀛史论：日本现代化研究 [M]. 北京：人民出版社，2006.

[11] 严慧雯. 借鉴日本经验加强大学生环境教育 [J]. 亚太教育，2016（7）：237，147.

[12] 任勇. 日本环境管理及产业污染防治 [M]. 北京：中国环境科学出版社，2000.

[13] 中国科学技术情报研究所著. 日本公害概况 [M]. 北京：人民出版社，1975.

[14] 刘学成. 战后日本海洋环保政策体系的历史考察 [D]. 锦州：渤海大学，2018.

[15] 冯丹阳. 从"污染大户"到"环保先锋"：日本公害对策面面观 [J]. 世界环境，2017（6）：55-57.

[16] 滨野翔平. 日本政府治理公害研究：以 20 世纪 60~70 年代三重县四日市公害为例 [D]. 上海：华东师范大学，2016.

第九章　韩国环境保护对策与借鉴

韩国处在亚洲大陆东北部朝鲜半岛的南部，三面环海，是典型的半岛国家。韩国属多山国家，国土面积的三分之二为山地，土地资源较为短缺，但森林资源较为丰富，纵贯韩国东海岸的太白山脉是韩国地质的脊梁。太白山脉东部受到海水侵蚀在韩国东海岸形成悬崖峭壁，西部和南部地势平缓，主要是平原和近海岛屿与海湾。韩国主要的大河流包括洛东江、汉江和锦江。韩国属大陆性季风气候，四季分明，冬季受西伯利亚高压气团影响寒冷干燥，夏季受东南季风影响温暖湿润，春秋两季较短，降水主要集中在6至9月的雨季，冬季的降水量很小。

一、韩国环境保护现状评价

韩国十分重视环境保护，注重对大气环境、水环境和废弃物的管理和治理。

（一）大气环境质量有待进一步提升

韩国的大气污染曾经十分严重，近些年来由于政府扩大了环保性燃料的供应，国家的大气污染排放标准也有所提高，韩国除少部分污染物外，大部分污染物的排放已达到了发达国家的控制水平，见图9-1。

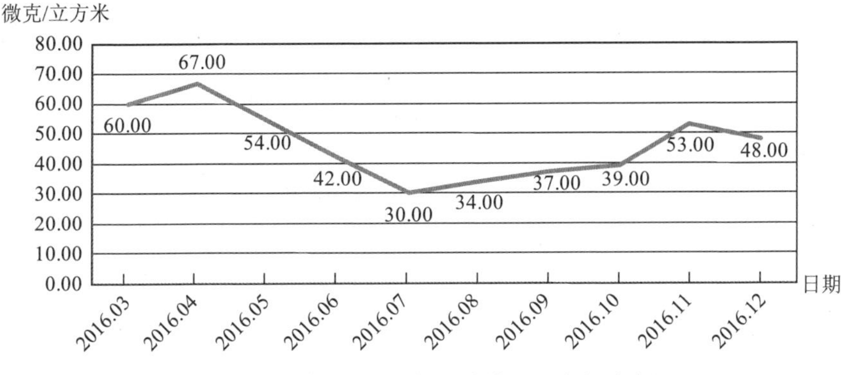

图 9-1 2016 年韩国空气污染情况（臭氧浓度）

资料来源：韩国环境保护部。

2016 年韩国整体臭氧浓度较高，但有明显的下降趋势，由 2016 年 3 月的 $60\mu g/m^3$ 下降到了 2016 年 12 月的 $48\mu g/m^3$。由此可见，韩国政府对空气污染的控制与治理取得了初步成效。

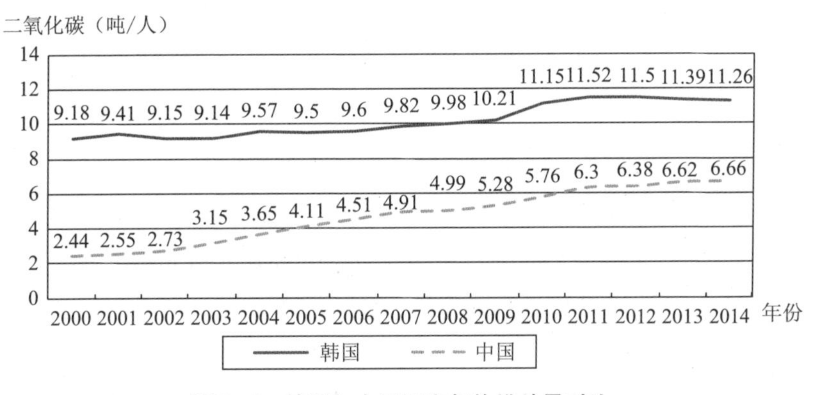

图 9-2 韩国与中国温室气体排放量对比

资料来源：世界经济合作与发展组织官网统。

由图 9-2 可看出，2000—2014 年，韩国的温室气体排放量一直远远高于中国，且呈不断增长的趋势。

（二）水环境质量有恶化趋势

韩国虽然有水环境质量标准，但近年来主要水来源——湖泊污染问题严重。韩国共有18790多个湖泊，多为人工湖泊，湖泊面积较小，且自身的生态功能脆弱，极易受到污染和破坏。主要原因是工业污水废水、城市生活污水等人为因素使氮、磷营养物质排入湖泊、水库和河流，增加了这些水体的营养物质负荷量，同时，还有一些位置无法确定的污染源，如森林、农田和其他区域的汇流，工业废物处理厂的溢流，垃圾废物处理场地的渗漏以及农田施用的化肥农药和牲畜粪便的排放等。据2015年韩国农业和林业部调查资料显示，韩国400多个水库，有130个水库水质超过灌溉水质标准，60%的湖泊水质已超过Ⅲ水质标准，严重影响安全供水。

诸多因素致使韩国湖泊水体受到严重污染，政府对水资源保护和治理的迫切性较强。韩国出台了相关的法律法规及技术措施以保护水环境，有一定的效果。从海岸的平均水质状况来看，济州道的海岸水质最好，沿岸海水的污染度也在逐渐改善，但海水富营养化问题依旧严重。

（三）废弃物发生量逐年增加

韩国的废弃物总量呈上升趋势。从废弃物结构角度看，公民的环保意识逐渐增强，生活废弃物在逐渐减少，但经济的高速增长使工业废弃物急速增加，工业废弃物的排放量大大超过了生活废弃物的减少量。生活废弃物逐渐减少的很大原因是实行了生活垃圾袋收费制和“按量付费”制度。就效果来看，该项制度实施后，生活废弃物减少了33%~37%，废物回收再利用率增加了40%左右。随着城市化进程的加快和人口的增加，以及工业的发展加大了对自然资源的开发与利用，逐渐打破了自然界的平衡，森林面积呈现减少趋势。

二、韩国环境保护部门

韩国的环境管理机构是一个以韩国国家环境部为主体，依托各民间环保机构及组织建立的比较健全的综合环保体系。韩国环境管理的最大特点是官民机构协调。国家环境部下设官民环境政策协议会。政府与民间环境团体协商环保政策，并组成环境管理委员会。环境部是韩国环保部门的核心管理机构，其所辖机构、主要职责和主要业务如下：

（一）环境部主要职责

环境部主要职责为保护自然环境及生活环境，避免国家遭受各种环境问题的威胁，努力为国民提供安全卫生的饮用水与洁净健康的空气，同时与全世界携手共同维护地球的生态环境。

（二）环境部的主要业务

第一，不断制定、修改环境法，对国家环境进行管理，确立有效的环境行政基本体制；第二，起草长期的保护环境的综合对策并监督执行；第三，设定各种规制基本标准；第四，向地方环境厅和地方自治体的环境管理机构提供行政和财政支援；第五，发挥国家间的环境保护合作功能。

（三）环境部下属主要机构

环境部下辖规划和协调办公室、环境政策办公室、气候未来政策局、水环境政策局、国家安全局、资源循环站、环境产业促进园区推广中心、国家濒临物种恢复中心、水产业集群建设促进组、生物资源保护局建设推广组等部门。韩国环境保护部的部门分工明确，每个部门各司其职，且职能全面，基本覆盖了环境保护的各领域。其严密的分级、严谨的分工为韩国环境保护提供了良好的制度基础，值得我国学习借鉴。

（四）下属地方管理机构，即地方环境厅的主要业务

地方环境厅的主要业务有：①对管辖区的环境管理进行筹划和实施；②事前讨论环境基准适当与否及商议对环境影响的评价；③保护生态系统；④调查环境污染源，测量环境污染度；⑤培育与支援与环境有关联的产业团体；⑥管理废弃物的排放；⑦指导和监督废弃物处理设施的营运等。

三、韩国环境保护标准

根据不同类型的水质，韩国设立了不同的环保标准，包括河川水质环境标准、湖沼水质环境标准、地下水水质环境标准和海域水质环境标准四

大类。

（一）河川水质环境标准

韩国的河川水质环境具体标准见表 9-1。从表 9-1 可以看出，韩国的河川水质环境标准具体划分为五个等级，并且从氢离子浓度、生化需氧量、悬浮物、溶解氧、大肠杆菌总数五个方面对河川水质环境进行考核。由此可见，韩国的河川水质环境标准划分等级严密并且对达标值的要求十分具体严格。

表 9-1 韩国河川水质环境标准

等级	利用目的及适用对象	标准值				
		氢离子浓度（pH）	生化需氧量（BOD）（毫克/升）	悬浮物（SS）（毫克/升）	溶解氧（DO）（毫克/升）	大肠杆菌总数（MPN/100 毫升）
Ⅰ	上水源水 1 级 自然环境保全	6.5~8.5	1 以下	25 以下	7.5 以上	50 以下
Ⅱ	上水源水 2 级 水产用水 1 级 游泳用水	6.5~8.5	3 以下	25 以下	5 以上	1000 以下
Ⅲ	上水源水 3 级 水产用水 2 级 工业用水 1 级	6.5~8.5	6 以下	25 以下	5 以上	5000 以下
Ⅳ	工业用水 2 级 农业用水	6.0~8.5	8 以下	100 以下	2 以上	—
Ⅴ	工业用水 3 级 生活环境保全	6.0~8.5	10 以下	不要悬浮游垃圾等	2 以上	—

资料来源：季文佳，陈艳卿，韩梅，等．韩国地表水水质标准研究与启示［J］．环境保护科学，2012，38（2）：57-63。

注：水产用水 1 级：适用于贫富水性水域的水产生物用；水产用水 2 级：适用于中富水性水域的水产生物用。自然环境保全：保护自然景观环境等。上水源水 1 级：可用过滤等简单的净化方法处理后。上水源水 2 级：可用沉淀、过滤等一般的净化方法处理后。上水源水 3 级：采用附加预处理工艺的深度净化方法处理后。工业用水 1 级：可用沉淀等一般的净化方法处理后。工业用水 2 级：采用添加药剂等深度净化方法处理后。工业用水 3 级：采用特殊净化方法处理后。生活环境保全：在公众的日常生活中以不产生不快的感觉为标准。

（二）湖沼水质环境标准

韩国的湖沼水质环境标准见表 9-2。从表 9-2 可以看出，韩国湖沼水质环境标准具体划分为五个等级，并且从氢离子浓度、化学需氧量、悬浮物、溶解氧、大肠杆菌总数、总磷数量、总氮数量七个方面来衡量，不同标准值之间的划分十分精确。由此可见，韩国的湖沼水质环境标准规定较为严格并且十分详细。

表 9-2　湖沼水质环境标准

等级	利用目的及适用对象	标准值						
		氢离子浓度（pH）	化学需氧量（COD）（毫克/升）	悬浮物（SS）（毫克/升）	溶解氧（DO）（毫克/升）	大肠杆菌总数（MPN/100 毫升）	总磷（T-P）（毫克/升）	总氮（T-N）（毫克/升）
Ⅰ	上水源水 1 级 自然环境保全	6.5~8.5	1 以下	1 以下	7.5 以下	50 以下	0.010 以下	0.200 以下
Ⅱ	上水源水 2 级 水产用水 1 级 游泳用水	6.5~8.5	3 以下	5 以下	5.0 以上	1000 以下	0.030 以下	0.400 以下
Ⅲ	上水源水 3 级 水产用水 2 级 工业用水 1 级	6.5~8.5	6 以下	15 以下	5.0 以上	5000 以下	0.050 以下	0.600 以下
Ⅳ	工业用水 2 级 农业用水	6.0~8.5	8 以下	15 以下	2.0 以上	—	0.100 以下	1.000 以下
Ⅴ	工业用水 3 级 生活环境保全	6.0~8.5	10 以下	不要悬浮游垃圾等	2.0 以上	—	0.015 以下	1.500 以下

资料来源：季文佳，陈艳卿，韩梅，等．韩国地表水水质标准研究与启示［J］．环境保护科学，2012，38（2）：57-63。

（三）地下水水质环境标准

地下水环境标准项目及水质标准适用于水道法第四条规定的《关于饮用水水质标准等的规则》，但对由环境部部长指定的地域及项目不适用。

（四）海域水质环境标准

韩国的海域水质环境标准具体划分见表 9-3。从表 9-3 中可以看出，韩国的海域水质环境标准被具体划分为三个等级，并且从氢离子浓度、化学需氧量、溶解氧浓度、悬浮物含量、油类等含量、大肠杆菌总数、总氮含量、总磷含量、无机物质等含量九个方面对海域的水质环境进行了详细的划分。海域水质环境标准的具体数值划分十分精确，并且都划分出了具体的区间。

表 9-3　韩国海域水质环境标准

项目等级	Ⅰ	Ⅱ	Ⅲ
氢离子浓度（pH）	7.8-8.3	6.5-8.5	6.5-8.5
化学需氧量（COD）（毫克/升）	1 以下	2 以下	4 以下
溶解氧（DO）（毫克/升）	饱和率 95 以上	饱和率 85 以上	饱和率 80 以上
悬浮物（SS）（毫克/升）	10 以下	25 以下	—
油类等（毫克/升）	检不出	检不出	—
大肠杆菌总数（MPN/100 毫升）	200 以下	1000 以下	—
总氮（T-N）（毫克/升）	0.05 以下	0.1 以下	0.2 以下
总磷（T-P）（毫克/升）	0.007 以下	0.015 以下	0.030 以下
无机物质等（毫克/升）	铬（Cr^{+6}）：0.05 以下；砷（AS）：0.05 以下；铬（Cd）：0.01 以下；铅（Pb）：0.1 以下；亚铅（An）：0.1 以下；铜（Cu）：0.02 以下；氰（CN）、有机磷、汞（Hg）、PCB：检不出		

资料来源：季文佳，陈艳卿，韩梅，等．韩国地表水水质标准研究与启示［J］．环境保护科学，2012，38（2）：57-63。

四、韩国环境保护对策

（一）法律政策

环境立法是实行环境管理的前提和基础。随着社会的发展及环境的变化，韩国不断制定、修改环境法律，具体内容包括：增加环境设施；强化环境规则；让企业自己处理污染物、对公民进行环境教育、开展环境保护宣传活动，促进公民积极地参加环保活动。

20世纪60年代，随着韩国经济的迅猛发展，环境污染日积月累，“环境公害”的概念开始出现并引起韩国社会的广泛关注。1980年，韩国首次将环境权写进宪法。1987年，韩国宪法又将环境权的法律内涵进行了细分和具体化。20世纪90年代，韩国政府开始积极参与环境治理。2002年，韩国修订了《资源节约与循环利用法》，严格限制酒店、餐饮业一次性用品的提供。

韩国修改宪法，增加了对“环境权”的规定。韩国的环境法制在不断发展，主要有：2010年的《促进和支持水再生利用法》《水质和水生生物保护法执行法令》《噪声和振动控制法令执行法令》；2011年的《野生动物保护与管理法》《环境改善支出责任法案》《自然公园法》；2012年的《土壤环境保护执行法令》《环境检查和检验法》《清洁空气保护执行法令》；2013年的《环境卫生法》《自然环境保护法》《环境影响评估法》《自然环境保护执行法令》《清洁空气保存法》；2014年的《环境技术和工业支持法令执行条例》《危险废物跨境运输法令执行条例》《有机污染物管理法》《水质和水生生态保护法》《环境犯罪控制与协调处罚法》；2015年的《清洁空气保存法》《废物管理法》《废物管理法令执行条例》《水质和水生生物保护法执行法令》。①

（二）财政政策

韩国环保部门的预算占韩国总预算的比例有所提高；不仅政府对环保的补贴增多，在政府环保理念的影响下，一些私人企业及民间组织也纷纷伸出援手，对环保部门的一些环保项目进行私人补贴。2016年，韩国环境部总预算为60776亿韩元，国家补贴预算为1439亿韩元。

如表9-4所示，2017年韩国政府的财政预算总支出为400.5万亿韩元，其中对环境的预算支出为6.9万亿韩元，占总预算支出的1.723%。2018年政府的财政预算总支出为429.0万亿韩元，其中对环境的预算支出

① 韩国环境部公布的《环境保护的法律法规与执行条例》。

为6.8万亿韩元，占总预算支出的1.585%；2018年的环境预算支出总量较2017年下降了0.1%，2018环境预算支出占当年预算总支出的比例较2017年下降了0.2%，但总体来说，韩国政府对环境的预算支出相较平稳。

表9-4　2017年韩国政府财政预算　　单位：万亿韩元

预算分类	2017年预算案（A）	2018年预算案（B）	更改	
			B较A增加金额	增幅（%）
总支出	400.5	429.0	28.5	7.1
1. 健康福利，就业——创造就业机会	129.5 17.1	146.2 19.2	16.7 2.1	12.9 12.4
2. 教育——授予地方教育政府	57.4 42.9	64.1 49.6	6.7 6.6	11.7 15.4
3. 文化、体育、旅游	6.9	6.3	-0.6	-8.2
4. 环境	6.9	6.8	-0.1	-2.0
5. 研发行业、中小企业	19.5	19.6	0.10	0.9
6. 能源	16.0	15.9	-0.10	-0.7
7. SOC	22.1	17.7	-4.40	-20.0
8. 农业、林业、渔业、食品	19.6	19.6	0.00	0
9. 国防	40.3	43.1	2.80	6.9
10. 外交、统一	4.6	4.8	0.20	5.2
11. 社会秩序、安全	18.1	18.9	0.80	4.2
12. 公共行政，地方政府——授予地方政府	63.3 40.7	69.6 46.0	6.30 5.3	10.0 12.9

资料来源：韩国企划财政部网站。

除了韩国政府对环境保护做出预算补贴，一些韩国民间机构和私人企业等也对一些环境保护的项目做出了私人援助补贴。表9-5详细地展示了2016年市政府补贴与私人补贴分别所占比例。由表9-5可知，私人援助虽然主要集中在小型的项目上，但是也为韩国的环境保护做出了很大的贡献。

表 9-5　2016 年韩国环境保护补贴情况

详细业务	2016 年预算（亿韩元）			备　注
	小　计	市政援助	私人援助	
16 个项目，包括购买混合动力汽车的补贴	80581	—	80581	包括 4 个水项目
127 个污水处理厂安装业务	4407929	4407929	—	—
总　计	4488510	4407929	80581	—

资料来源：韩国企划财政部网站。

在近几年的政府预算案中，除了环境预算的比例保持平稳上升的势头，韩国政府财政部还在关于环境的预算提案中提出了更加详细的补充措施，使得关于环境保护的预算更加具体可行。例如，在 2017 年补充预算计划中，韩国政府提出要给全国小学配备精细的粉尘监测装置，来加强对空气质量的监测；在 2018 年韩国财政部预算提案中，又提出了要加大力度，减少粉尘污染，出台了推动废除早期旧柴油车辆举措。这些具体到项目实施的预算提案，让人们看到了韩国政府推动环境保护发展的决心与信心，同时也大大增加了预算案的真实可行性。

（三）税收政策

韩国尚未出台环境税税种，有 5 种经济性措施可列入环境税费的范畴，现行税制中也有几种与环境保护有关的税收。

1. 经济性措施

为了抑制环境污染，政府对造成污染的企业征收一定的费用。

（1）环境改善负担金。环境改善负担金对以下两种情况进行收税：一是在消费过程中产生大量的污染物的建筑物或餐厅，由该建筑物或设施的所有者进行纳税；且对面积超过 160 平方米的建筑设施，均进行征税。二是对部分使用柴油的汽车进行征税，纳税人为柴油汽车的所有者。

（2）排放负担金。排放负担金是根据排放的污染程度对超出标准的污染物进行征收的一种税。韩国的排放负担金遵循污染者负担的原则，对违反排放许可标准的企业进行处罚。

（3）废弃物预置金。废弃物预置金是指企业生产或进口一些在征收范围内的产品时，要先按一定比率缴纳一定的废弃物预置金。在生产或进口完成后，若企业通过规定的合理方法回收处理其废弃物，政府将返还其预缴的金额。

（4）废弃物负担金。废弃物负担金指对含有有害物质的产品或难以回收再利用的产品、材料和容器征收处理废弃物所需费用。韩国政府旨在通过征收废弃物负担金，遏制废弃物的产生，防止资源的浪费。

（5）水质改善负担金。水质改善负担金制度是对饮水生产或进口销售的企业进行征收费用的制度。

2. 现行税收制度中的环境保护措施

（1）年度车辆税。年度车辆税的征收具有财产课税的性质，可以起到保护环境的作用。韩国的车辆每半年缴纳一次税。政府将车辆分为小汽车、公共汽车、卡车、特种车等类别，依据用途、排气量设置不同的税率。以小汽车为例，主要是依据排气量征税，排气量越大，税额越多。

（2）共同设施税。共同设施税是指韩国的地方政府对使用公共设施的受益者征税。公共设施具体是指消防设施、污染处理设施、水利设施等。

（3）地区开发税。对发电用水、地下水、地下资源等征收地区开发税，目的是确保对地区的均衡开发和水质改善以及水资源保护等所需的资金。

（4）燃油课税。韩国没有独立的燃油税，对燃油征收的税收有：交通税、特别消费税、公路使用税、教育税和增值税。

3. 对一些新能源及环保企业的税收优惠政策

为了鼓励企业提高环保意识，促进其转型升级，推动绿色节能产业发展，韩国政府推出了不同程度的对新增产业和新能源产业尤其是环保产业的税收抵免等税收优惠政策。

（1）扩大新增产业研发税收抵免。将大中型企业新增部门的研发税收抵免率提高到30%。其中新增部门共11个领域：未来汽车技术、人工智能、下一代SW、信息安全、下一代电子信息设备、下一代广播通信系统、生物卫生创新、新能源产业与环境、复合材料、机器人技术及航空航天技术。

（2）增加对新兴增长行业的外国直接投资企业的税收支持。重税收优惠着眼于关键技术的新增长引擎和研发，如果可扣除的收入金额为营业利润总额的 80%以上，则提供全额豁免。

韩国规定大型、中型、小型公司节能设施投资分别按 1%、3%、6%的抵免率给予优惠抵免，其环保设施投资则分别按 3%、5%、10%的抵免率享受优惠抵免，不足抵免的可以往后结转 5 年。

（四）社会层面的环境保护对策

树立绿色环保理念，政府鼓励与公众参与相结合。第一，加大对环保技术的投资。第二，加强绿色交通体系的建设，为绿色环保出行提供便利。第三，加大环保建筑的建设与推广力度，以适应人们日益增长的对环保住房的需求。第四，建立商品绿色认证制度，鼓励环保绿色产品生产与绿色服务提供，为绿色消费提供必要支持。第五，推行垃圾分类制度，提高资源循环利用率。

五、韩国环境保护特色

（一）重视环保教育，强化预防机制

韩国政府从一开始就十分清楚地意识到，只有环境保护的理念深入人心，才能够充分调动公众参与的积极性、主动性，并且不断赢得公众的配合和支持。只有鼓励公众自觉践行绿色生活方式，环境保护措施才可能具有持续、强大和稳固的实现基础。韩国政府根据“低碳、绿色增长框架方案”的相关规定，加强对环境保护的宣传，大力培育公众环保的生活理念，完善公众参与环保的基础设施，广泛开展与环保有关的生活运动，引导和鼓励公众积极参与国家环境保护治理。韩国政府很早就开始了环境保护教育活动，2008 年《韩国环境教育振兴法》颁布，该法要求国家每 5 年

制订一次环境教育计划，内容包括环境教育的目的、方向、专业人才培养、基础设施的建设等。通过多种途径的教育，韩国国民环保意识显著提高。

（二）注重加强与第三方的合作

韩国政府早就意识到了全球环境合作的重要性，积极加入伦敦协约（防止海洋投弃）、巴塞尔协约（国家间废弃物移动）等各种国际环境协约，高度重视他国在治理环境问题方面的政策、技术以及方法，强化交流与合作。与此同时，韩国政府与民间团体紧密合作，推动了环境保护的发展。

（三）强调资源利用的高效率

韩国的地理环境决定了其资源匮乏的特点，因此必须要节约利用。因此，在韩国政府供给政策之中，不管是废弃物资源化政策，还是绿色食品政策，都强调资源的节约利用。韩国注重提高资源的利用效率，强调对资源进行循环利用。韩国每年在环保技术上的投资数额都占很大比重，以保证有限资源环境下的经济发展与节能技术的协调。

六、韩国环境保护政策对我国的启示

（一）建立健全完善的环境保护法律政策体系和机构

韩国有着立体化的环境保护体系，独立健全的环境保护机构设置是韩国环保取得成功的重要因素之一。

（二）加强与第三方的合作，鼓励民间环保组织的发展

韩国政府在环境保护方面很注重与第三方的合作，这也是他们成功的经验之一。我国政府也应该树立环保的国际合作意识，积极开展在环保领域内的国际合作，借鉴国外成功的环保技术和方法，以提高环保效率。不但要在技术上合作，还要在区域环境内进行合作。另外，我国政府应该积

极支持和鼓励发展民间环保组织，在人才招聘、资金建设、活动的开展以及招募志愿者方面给予大力的政策支持和鼓励。

（三）加强环保教育，开展环保宣传工作，提高公民的环保意识

韩国政府十分重视环境保护的教育，且教育方式众多。早在 20 世纪 80 年代韩国就开始对公民进行环保教育，目前韩国公民普遍具有较高的环境保护意识。我国从韩国的实际经验来看，环境的治理需要广泛的公民参与。政府应该在制定各领域环境指标的同时，加大环保宣传力度，不断提高公民的环保素质，形成全民环保的局面。

（四）重视环境科技，大力发展环境保护技术

环保技术是环境污染治理中不可缺少的力量，新型环保技术能够降低环境治理的经济成本、减少污染，提高治理效率。我国不断从国外引进先进的环保技术，更重要的是要自主研发环保技术。目前我国严重依赖引进国外的环保技术，对于自主研发创新的环保技术，投入力度还不够大。

（五）发展循环经济，促进环保产业的发展

我国已经颁布了《中华人民共和国循环经济促进法》，但需要完善与之配套的相关政策和实施制度。环保产业是绿色产业，需要政府大力支持因此，我国政府还应进一步加强对环境保护的重视，加大对环境保护方面的投入。例如，韩国每年投入用于开发新能源的资金占 GDP 的 2%，而我国用于保护环境的总投入尚不足经济总量的 1%。我国环境专家认为，要改善和治理我国严重的环境污染问题，实现碳减排达标，每年至少需要投入占经济总量 1.5%的资金。

（六）实施生活垃圾专用塑料袋收费制和“按量付费”制度

我国现在对生活垃圾处理只是针对部分经营性单位，采用按量征收的办法。更多的市场主体收费与垃圾量无关，所以这种办法不能有效减少生

活垃圾，更不要说鼓励分类了。采用生活垃圾专用塑料袋收费制度，不仅可促使大家减少制造生活垃圾，而且能促使人们进行有效的垃圾分类，减少垃圾袋的使用，降低生活垃圾的社会处理成本。

参考文献

[1] 宋吉钟．韩国环境状况与环境政策：以 1997 环境白皮书为主线[J]．内蒙古环境保护，1998（1）：3-5.

[2] 金裕景，司林波．韩国环境保护政策实施状况、特征及启示[J]．长春理工大学学报（社会科学版），2014（7）：52-55.

[3] 李贤周．韩国的环境税费制度［J］．税务研究，2003（6）：54-58.

[4] 范纯．韩国环境保护法律机制研究［J］．亚太安全与海洋研究，2010（5）：51-58.

[5] 汪广荣．韩国鼓励公众参与低碳绿色增长的经验与启示［J］．嘉兴学院学报，2012，24（5）：65-71.

[6] 詹小洪．韩国经济低碳、绿色增长及启示［J］．领导文萃，2012（15）：7-22.

[7] 王宗爽，徐舒，谷雪景，等．中外环境空气质量标准比较［C］．中国环境科学学会环境标准与基准专业委员会 2010 年学术研讨会，2010.

[8] 朴松美．韩国可再生能源支持政策研究［D］．长春：吉林大学，2017.

[9] 李海涛，张顺．韩国绿色发展战略及其对中国的启示［J］．东疆学刊，2018（1）.

第十章　意大利环境保护对策与借鉴

一、意大利环境保护状况

意大利位于欧洲南部地中海北岸，全境五分之四为山丘地带，大部分地区属亚热带地中海气候。意大利的环境问题主要是机动车尾气排放及冬季居民取暖造成的大气污染、烟雾和粉尘污染、内陆水域污染、酸雨，以及工业废物污染等。环境污染对国民健康和可持续发展的威胁越来越突出，保护环境刻不容缓。

（一）国家环境污染日益严重，环境保护成必然选择

20 世纪末，意大利是世界环境污染较严重的国家，污染程度排名一度高居世界第 9 位。最值得关注的是各大城市的大气污染状况日趋严重，2006 年世界卫生组织的一项报告表明，2002—2004 年意大利城市大气的平均颗粒物 10μm 以下（PM10）的浓度为 26. 3 ～ 61. 1 mg / $m^3$①，大气污染严重危及人类身体健康。根据欧洲环境局（EEA）的报告，2012 年意大利因空气污染导致 84400 人过早死亡，其中 59500 人死于 PM 超标，而二氧化碳排放量超标造成的死亡人数为 21600 人，臭氧则为 3300 人，如图10-1 所示。2013 年意大利有毒气体主要来自柴油烟雾，造成 21000 多人死亡。

① Health Impact Assessment of Air Pollution in Italian Cities - World Health Organization (WHO).

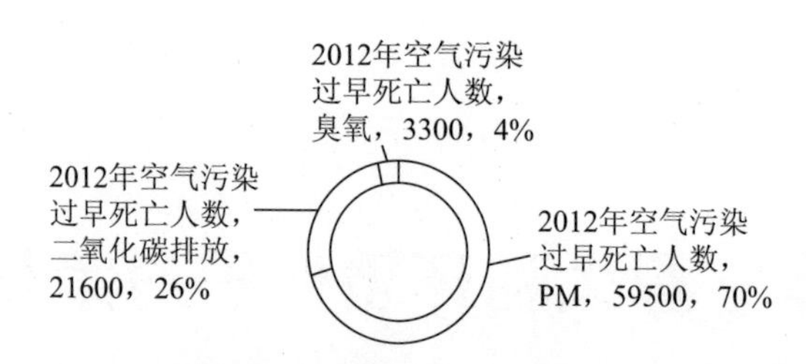

图 10-1　2012 年意大利因空气污染过早死亡人数分布图

资料来源：Health Impact Assessment of Air Pollution in Italian Cities - World Health Organization (WHO).

日益严重的烟雾和粉尘污染正威胁着意大利国民的健康。米兰是意大利的经济之都，但其空气污染问题尤其是冬季的雾霾一直饱受诟病。欧洲环境署发布的《2013 空气质量报告》称，欧洲仍有 90%的城镇居民受害于空气污染，其中米兰及其周边地区更是欧洲 PM10 和 PM2.5 污染最严重的地区之一。环境污染严重危害意大利国民的健康，采取有效的环保措施解决环境污染问题成了必然选择。

（二）改善环境是社会公共需求

基于经济学视角，环境具有“强制性公共物品”的属性。因为大自然存在自我净化机制，所以并非所有的排放行为都会引起环境污染，只有污染排放超过大自然自我净化能力的临界点时，才会发生环境污染。环境是各国消费的公共物品，具有非排他性和非竞争性特征，生活在环境中的每个经济个体不管是否愿意，都必须消费，没有任何选择的余地。环境污染意味着公共物品质量降低，意味着人类污染物排放大大超过环境自我净化临界点，如果政府及社会不采取有效的解决措施，人类将会受到环境的惩罚。另外，环境污染问题作为典型的公共物品问题会导致解决环境污染问题所需资源的“供给不足”，而且无法避免地出现对环境污染治理结果的“搭便车”行为，所以只有全球各国共同参与解决环境污染问题，才有可能从源头上消除环境污染问题全球公共物品属性的消极作用，解决全球的环境污染问题。基于成本收益角度，不断恶化的环境污染对各国的经济发展的影响程度不亚于世界大战和经济大萧条。如果意大利不采取有效措施，不参与到全球治污行动中，那么环境污染对其本国经济的影响将无法估量。

二、意大利环境保护的具体对策

意大利作为欧盟的重要创始成员国之一，受欧共体环境政策的影响，意大利政府及国民对环境问题越来越重视，为解决环境问题成立了科学合理有效的环境管理机构，制定了相关的法律法规及环保政策。

（一）提高意大利人民的环境保护意识

意大利环境保护最显著的特点是对环境保护法规和公约的自觉遵守。对散漫的意大利人来说，对汽车的态度转变在一定程度上反映了他们环保意识的转变。意大利有 5700 万人，拥有 3370 万辆私家车，平均每 100 人有 60 辆汽车。当他们意识到过多的汽车对环境的不利影响后，搭乘公共交通就成了他们出行的首要选择，旅游手册上也会特别建议尽量避免自驾车。为了鼓励市民多乘坐公共交通，一些大城市，如罗马、米兰，会分单双日控制进城车辆，而一些小城，譬如意大利北方的维琴查市，甚至颁发过一周的禁车令。

（二）建立科学有效完善的环境管理机构

意大利在 1986 年成立环境部，1994 年设立了国家环保局。环境部具有管理、计划、协调、监督、执法等职能。主要职责有以下几方面：一是制定国家环境保护政策和措施，规划、起草法律法规，并且负责对新的立法提出合理科学的建议；二是负责制定部门规章，组织制定各类环境保护标准、基准和技术规范；三是负责环境保护方面的教育和研究工作，专门管理环保专项资金，并且负责国家三年环保计划的实施；四是负责协调中央、政府、地方相关部门，使环境保护政策与其他公共政策相协调；五是负责协调各大区域的环境保护工作，并对各环保机构进行监督。国家环保是环境保护的技术部门，主要职责是促进环境研究工作的开展，对环境信息数据进行收集和交流，为制定新的环境标准提供技术支持，并负责对环境进行监督，且负责与欧洲环境局的合作事务。意大利环保局还设立了环境评估司，对环境的污染进行评估。除此之外还有计划部、内务部、外交部、工业部、农林部等与环境环保工作有关的其他中央部门；设立专门机构，请专人负责具体的环保工作，在各大区政府也设立了环境大区环保局。各环保部门的工作重点有所不同，它们各司其职，相互协调，构成意大利的环保机构体系。

（三）构建了有效的环境保护法律体系

自20世纪60年代以来，意大利制定了很多环境法规，形成了比较完整的法律体系。这些法律的制定和实施，大大改善了意大利的环境问题，并对意大利民众积极参与环境保护起到了极大的推动作用。

（四）意大利注重环境保护方面的财政支出

意大利将环境法与财政法案相协调，堪称世界典范。按照意大利法律规定，环境保护在预算上可以先行列支，政府对环境保护的投入也更加明确。2003年，意大利对环境保护的投入约占GDP的1%，近年来以高于GDP增速的速度在扩展。

意大利65%的环保支出用于治理环境污染和避免生物多样性丧失、土壤侵蚀、盐渍化等方面的融资，其余35%致力于自然资源的使用和管理，旨在保护环境及免于自然资源（森林、能源、水资源等）的枯竭。意大利历年的环境保护财政经费支出由组织开展战略环评的政府部门从规划经费或财政预算中而来，包括研究经费、公众参与的经费和研究中所需软件、模型的版权经费等。

（五）意大利在环境保护方面制定的相关税收政策

意大利在环境保护税收政策上也制定了相关法律法规，采取了多种税收、多管齐下治理环境污染的模式。注重独立型环境税的开征，传统税种的“绿化”、开征方式也比较多样化。

意大利环境税收政策主要体现在以下几方面：一是对城市固体垃圾处置征税，即环境保护税；二是对大型能耗工厂征税，主要针对二氧化硫和二氧化氮的排放征税，即二氧化硫和二氧化氮税；三是为了减少垃圾填埋或焚烧，提高垃圾回收率，按填埋或焚烧而未回收能源的垃圾量征税，即地方垃圾填埋税；四是为了控制天然气燃烧对环境的污染，制定了天然气消费税政策；五是1993年起增开了对矿物油和液化石油气的消费税，即矿物油消费税和液化石油消费税；六是为了控制电力消费过程中产生的环境污染，从2007年起开征了电力消费税。除此之外，还设立了废水税、污染税、塑料包装税、润滑油费税、铅电池费税、飞机噪音税、氟利昂保证金等税收政策。

意大利在制定环境保护政策上的主导原则是：以鼓励环保为主旨，以预防为主，不以惩罚污染者为目的，所以对在环境保护上的投入行为有税收法律方面的鼓励政策。违规处罚包括对环境损害进行赔偿、要求恢复环境原貌甚至停止项目运作等。

（六）建立一系列与环境保护有关的惩罚措施

意大利制定环境保护政策的主导原则是，与其被动地惩罚排污者，不如主动地鼓励力行环保者。政策制定上，鼓励在环境保护方面的投入，重点投入导向是对排污设施、设备的建设管理以及对废弃物进行综合利用，严禁以破坏环境资源换取商业利益的行为。但对违规行为也有相应处罚，包括对环境损害进行赔偿、要求恢复环境原貌甚至停止项目运作。不仅是市场法人主体，个人主体同样面临环境保护处罚，并且很严苛。意大利颁布了促进绿色经济发展、遏制过度消耗自然资源的环保法规。根据该法规及相关环保法规规定，禁止在道路上随意丢弃任何杂物，也禁止从移动或静止的汽车等交通工具上扔杂物。如果违反了这条规定，在路上随意丢弃杂物者将被处以25~99欧元的罚款；对从汽车等交通工具上扔杂物的人将处以最高422欧元的罚款；随意在道路上扔餐巾纸、口香糖者将面临30~150欧元不等的罚款；如果在路上乱扔烟头，受到的处罚将加倍，最高可达300欧元。该法规还规定，罚款金额的50%将会被政府重新拨给环境保护部门，用以安装烟头收集设备及进行环境保护的广告宣传活动。

（七）意大利对其经济之都的有效环保措施

对经济之都米兰采取多重措施治理空气污染：一是建立长效禁止措施，禁止排放不达标的机动车进入限行区域，对进入限行区域的机动车一律收费；二是大力鼓励市民选择公交出行，并制定相关的鼓励政策；三是限制供暖设备运行时间，一旦出现连续10天的PM10超标现象，室温标准将由20℃降至19℃，供暖设备日运行时间由14小时降至12小时，加强对民用取暖设备的监控。近年来，每年米兰政府都举办名为“绿色星期天”的活动，在限行区或临时决定的若干区域内禁止一切车辆通行，鼓励居民游客步行，或用自行车、电动车代替机动车，同时市政府还组织相关文化、体育活动，大力宣传环保理念。

三、意大利环境保护对我国的启示

（一）优化环保体制，提升环保实效

目前，我国环保法律法规体系不完善，执法效率低，执法监督不严；环保体制不完善，环保部门缺乏独立性，职责不清，“事事有人管，实施无人管”，导致监督和管理效率大打折扣。在实际管理过程中，我国的环境保护部门注重于末端治理，加大了治理难度，增加了治理成本。这方面可以借鉴意大利在环境政策及法律制定和修订方面的成功经验，建立完善的法律法规，将环境保护规划上升至国家意志，提高法律法规的权威性；借鉴意大利环保管理体制的设置经验，分层管理，各司其职，充分发挥各自的职能，真正做到“宏观管好，微观放开”。

（二）产业政策调整

在经济发展中我国政府过于注重经济效益，没有将经济发展和环境保护有效结合；工业布局不合理，导致环境治理和监督难度加大，环境污染加重；产业布局不合理，进一步增加了治理和监管的成本，形成恶性循环。

我们要大力发展环保产业，在市场化经济环境下走产业化和可持续发展道路，大力发展环保产业，创新发展模式，吸引外商投资，以环保产业带动经济发展。

（三）注重法制宣传教育

意大利明确规定了开展环境规划、环境影响评价等重要决策活动的公众参与人数，并保证公众参与人员的合法权利，对政府和企业的环保决策起到了重要的作用。在欧盟和意大利，环境信息公开的程度很高。目前我国国民环保意识弱，大众没有参与到环保活动中，应积极引导社会公众参与环保，加强环保宣传，增强民众的环保意识，培育环保文化，改变民众不利于减轻环境污染的生活陋习。

（四）扩展环保税税目

我国税收体系中的环保税税目较窄，而意大利在环境保护税收政策上制定了相关法律法规，采取了多种税收、多管齐下治理环境污染的模式。我国可在开征的环保税收科目上进行深入探索，构建起适合我国的环保税税目，实现以税收杠杆调控环境保护的目标，有效提升环境保护功效的切入点，一是对所有可以监控和计量的污染物排放直接开征环境税并提高征收强度；对不易计量和监控的环境损害型商品和服务，提高商品税和所得税税负。二是对从事环境友好型商品和服务的企业，用于减排节能、环境保护的投资、研发和其他重要支出，给予充分有效的多种形式减免优惠措施。对环保水平达到规定标准的企业，设定相对较低的企业所得税税率，最大限度地发挥激励性税收措施在节能减排和环境保护中的作用。

（五）创新环保科技

在意大利，国家划拨专门经费资助科研人员开展典型污染物突发环境污染事件的预警研究工作。科研人员充分利用机载MIVIS遥感设备，航天局及空间局的CHRIS卫星探测器等先进仪器，综合卫星、空中、地面监测数据，开展各类环境污染定性分析工作，并实现对突发环境污染事件的预警。在我国，虽然各大城市均有环境突发事故应急预案，但应急预警的及时性和有效性一直未受到应有的重视，快速反应机制存在失灵的危险。因此，应针对我国城市环境影响因素种类复杂、对外界敏感的特点，充分利用监控预警先进技术，建立动态预警和响应机制，为应对各省复杂的环境问题提供技术支持。意大利在环境保护方面的经验告诉我们，谁拥有技术创新的制高点，谁就在环境保护的历史性转变中掌握了主动权。只有依靠科技进步和创新，加大对环保科技的研究投入，才能研究出更加环保的基础设施，利用科学创新的技术和理念解决环保问题。

（六）设置环保奖惩制度

研究学习意大利的环保经验，构建以鼓励环保者为主旨，以预防为主，而不是以惩罚污染者为目的的环保对策体系。对在环境保护上的投入行为给予税收法律方面的鼓励与支持，严禁任何以破坏环境来换取商业利益的行为，严格对污染治理专项的监管。制定环境综合治理规划，完善环境保护相关财政支持项目考核评估制度。实施“以奖促治”“以奖代补”等的政策，进一步明确政府职能，对于规划方案、项目实施和运营成效各环节把握好引导和监督的职责，提高资金投向的精准性和高效性，给投入环境基础设施和发展环保产业的企业适当的优惠政策与支持，以鼓励更多的环境保护行为。

参考文献

[1] Ben Boer, Ross Ram say, Donald. Rothwell, International Environ-

mental Law in the Asia Pacific [J] . London: Kluwer Law International Ltd, 1998 (2): 23-69.

[2] John Mc Cormik. Environmental Policy in the European Union [J] . Palgrave: Hampshire, 2001 (4): 1-25.

[3] Stanley P, Johnson and Guy Corcelle. Theenvironmental Policy of the European Communities [J] . London: Kluwer Law International, 1995 (3): 8-38.

[4] Susan Wolf, AnnaWhite, NeilStanley. Principles of Environmental Law [J] . London: Cavendish Publishing Limited, 2002 (6): 12-39.

[5] David Hughes. Environmental Law [J] . London: Butterworks, 1997 (3): 2-8.

[6] 国家税务总局税科所考察团，刘佐，龚辉文 [J] . 法、意主要环境税收政策及其借鉴 [J]. 环境经济，2009 (4): 49-53.

[7] 高协峰 . 意大利环保工作简介 [J]. 全球科技经济瞭望，1997 (7): 53-54.

[8] 刘洪娥 . 意大利建筑交通领域节能减排解析 [J]. 住宅产业，2015 (7): 69-73.

[9] 苏多杰，严维青 . 意大利环境管理与可持续发展体系的特点及启示 [J]. 攀登，2000 (5): 160-163.

[10] 卢世应 . 意大利环境保护面面观 [J]. 全球科技经济瞭望，1997 (10): 47-48 .

[11] 张红振，曹东，於方，等 . 环境损害评估：国际制度及对中国的启示 [J]. 环境科学，2013 (5): 1653-1666.

[12] 王政 . 欧盟环境税制改革的经验和启示 [J]. 国际经贸探索，2013 (10): 73-83.

[13] 谢晶仁 . 意大利可再生能源的发展及对我国的启示 [J]. 农业工程技术（新能源产业），2011 (10): 4-6.

[14] 陈家昌 . 意大利环保产业及经济技术政策 [J]. 科学对社会的

影响.1997（2）：3-6.

［15］林其屏．全球化与环境问题［M］．南昌：江西人民出版社，2002.

［16］曲格平．中国的环境与发展［M］．北京：中国环境科学出版社，1996.

［17］苏俭民．全球环境问题［M］．贵阳：贵州科技出版社，2001.

［18］谢扬林．意大利的环保情结［N］．中国经营报，2006-07-03（A07）.

［19］曹潇元，王金生，李剑．意大利城镇污水处理的管理现状与经验探析［J］．北京师范大学学报（自然科学版），2016，52（4）：493-496.

［20］李剑英，任海静．意大利水体环境保护先进经验与借鉴（一）水体环境质量监控与管理［J］．建设科技，2012（16）：69-70.

［21］斯蒂法诺·拉波尔塔．国家环境保护网络：中央和地方政府实施环境治理的新范例［J］．中国机构改革与管理，2017（3）：33-34.

［22］郭凯军，杨振海．意大利畜禽粪污处理情况及启示［J］．世界农业，2017（3）：29-32.

［23］陈颖，栾雪菲，吴娜伟，等．农村环保监管体制改革与机制创新研究初探［J］．环境与可持续发展，2016，41（3）：25-29.

［24］李建军，刘元生．中国有关环境税费的污染减排效应实证研究［J］．中国人口资源与环境，2015，25（8）：84-91.

第十一章　俄罗斯环境保护对策与借鉴

俄罗斯位于欧亚大陆北部，地跨欧亚两大洲，位于欧洲东部和亚洲大陆的北部，国土面积为1707.54万平方公里，是世界上面积最大的国家。俄罗斯北临北冰洋，东濒太平洋，西接大西洋，西北临波罗的海、芬兰湾。大部分地区处于北温带，气候多样，以温带大陆性气候为主，境内温差普遍较大。俄罗斯森林和水力资源丰富，森林覆盖面积8.67亿公顷，占国土面积的50.7%，居世界第一位。水力资源丰富，总径流量是4270㎞³/年，居世界第二位。众多河流上建立的水电站是俄罗斯的主要电力来源。但是良好的自然条件并没有减少环境污染的产生，并且地理位置的差异对应着不同的环境问题，环境保护压力不断加大。

一、俄罗斯环境保护背景

苏联发生过重大污染事件——切尔诺贝利核漏事件，被列入世界十大污染事件之一。现在的俄罗斯，环境保护压力也不小，面临着城市大气污染、河流湖泊污染、森林覆盖面积缩减、生物多样性减少和气温升高等诸多问题。

（一）城市大气污染严重

据俄罗斯联邦统计局的数据，俄罗斯2010—2015年平均每年大气污染物排放量为3200万吨。大气中二氧化硫、氮氧化物、一氧化碳、挥发性有机化合物等物质的排放会对人体带来危害。大气污染不仅对环境，而且对社会交通、农业等都带来显著影响。俄罗斯联邦统计局将大气污染源分为固定污染源和活动污染源（流动污染源）两大类。固定污染源是指设备、仪器、装置等固定处理及其在运行工作过程中产生污染物质。流动污染源是指铁路和公路交通工具产生的污染物质。

（二）河流湖泊受到不同程度的污染

根据俄罗斯联邦统计局的数据，俄罗斯在2010—2015年平均年淡水使用量为566.8亿立方米，其中生产用水占59%，家庭用水占16%，农业灌溉用水占13%，其他用水占12%，如图11-1所示。

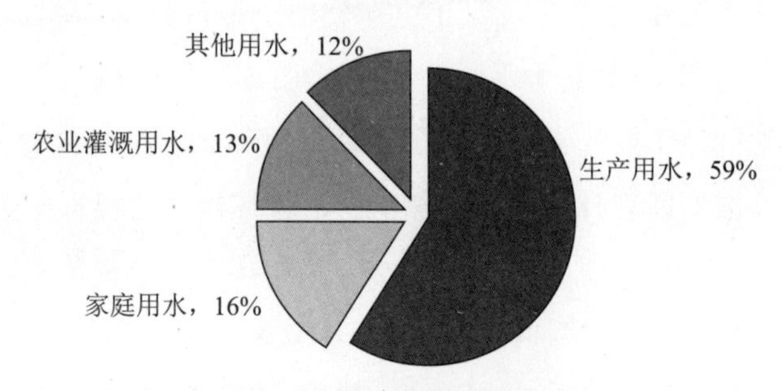

图11-1　俄罗斯联邦用水结构

资料来源：俄罗斯环境保护统计资料汇编（2016），http：//www.gks.ru/bgd/regl/b16_54/Main.htm.

2010—2015年俄罗斯平均每年污水排放量为454.2亿立方米，62%达到清洁标准，而34%属于严重污染，其中含有大量硫酸盐、氯化物等物质，仅有4%的污水通过处理设施达到了清洁标准，如图11-2所示。

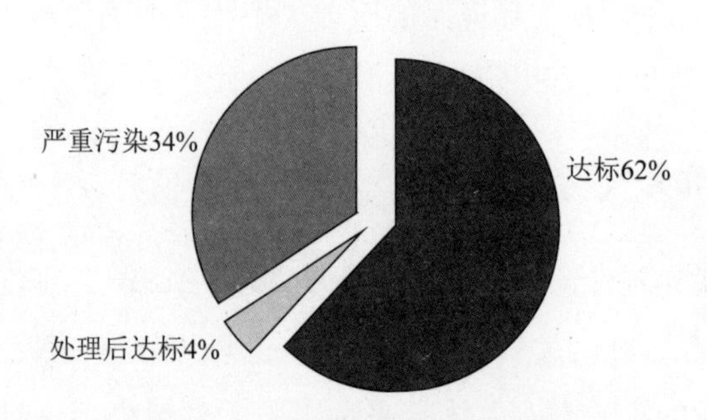

图11-2　俄罗斯联邦污水结构

资料来源：俄罗斯环境保护统计资料汇编（2016），http：//www.gks.ru/bgd/regl/b16_54/Main.htm.

（三）森林资源覆盖面积不断减少

20 世纪 90 年代以来，哈巴罗夫斯克地区森林资源趋向枯竭。哈巴罗夫斯克地区曾在 1998 年受到森林火灾的侵害，200 万公顷以上森林深受其害。由于病虫害、火灾和违法砍伐树木，俄罗斯每年损失近 30 万公顷森林和花草，严重破害了植物世界的生态平衡。

（四）生物多样性锐减

无限制的木材采伐使古老的原生态生物林危机重重，各稀少物种濒临灭绝，如阿穆虎、远东豹、喜马拉雅熊等受到严重影响。乌苏里是俄罗斯物种最丰富的地区，是蝴蝶、白鹤等稀有物种的自然家园，但人为放火和开垦湿地，破坏了乌苏里地区的环境。在鄂霍次克海域，因石油和天然气的开发，沿岸生物的多样性同样受到严重威胁。

（五）气候变化带来异常天气

全球变暖和极端气象天气主要源于温室气体的排放，2010—2014 年，俄罗斯平均每年排放的温室气体相当于 26 亿吨二氧化碳，其中 83%来源于能源消耗释放，温室气体主要来源如图 11-3 所示。

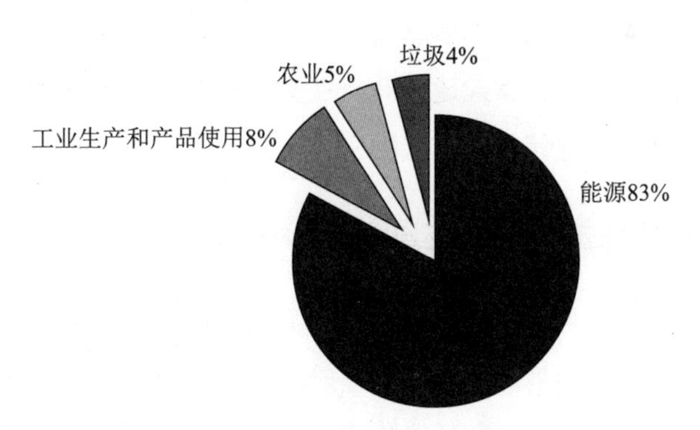

图 11-3 温室气体排放来源

资料来源：俄罗斯环境保护统计资料汇编（2016），http：//www. gks. ru/bgd/regl/b16_ 54/Main. htm.

二、俄罗斯环境保护的具体对策

（一）完善的环保法律体系

俄罗斯颁布了很多保护环境的法律，包括《俄罗斯联邦环境保护法》《联邦土地法典》《联邦大气保护法》《城市建设纲要》《联邦居民健康保护立法》《联邦居民辐射安全法》《联邦生态鉴定法》《联邦水法典》《联邦动物界法》《联邦原子能鉴定法》《联邦森林法典》《联邦关于安全使用杀虫剂和农用化学制品法》等。在上述法律中最重要的要数《俄罗斯联邦环境保护法》了，它的宗旨在于保护和改善环境质量，为人类生存和后代繁衍加强立法。

（二）健全的生态鉴定制度

俄罗斯设立国家生态鉴定机关专门负责对法定要求进行国家生态鉴定的活动项目进行生态鉴定。不参与执行国家生态鉴定结论的各单位领导人以及公职人员或公民，将依法承担相应的责任。

俄罗斯民间存在着非法定的自发的生态鉴定组织，这些组织在其章程中明确将保护生态环境作为组织活动的主要方向，并按照法定的程序进行社会登记，根据公民、社会团体或地方自治机关的倡议进行生态鉴定活动，它是公民和社会团体积极行使环境权利的一种方式。

（三）环境保护的财政支出和资本投入

俄罗斯联邦用于环境保护方面的支出主要包括以下几种：保护大气和预防气候变化，污水收集处理，废弃物处理，保护恢复土地地表和地下水，保护生物多样性和保护自然区，环境监测，生态保护教育以及其他提升生态环境质量的措施。俄罗斯联邦在环境保护方面的支出总体上逐年增长，2015 年环境保护支出共 5624 亿卢布，但用于环境保护的支出占 GDP 的比重逐年下降，从2003年的1.3%下降到2015年的0.7%。

俄罗斯联邦环保组成实体可划分为三大组成部分：商业部门，包括企业、组织、个人企业家；专业环境服务提供商，包括提供有针对性服务的公共或私人组织；公共部门，包括联邦预算资助的政府机构，主要支出为运营成本。

俄罗斯联邦组成实体的预算和维护人类环境的地方预算，主要用于维护自然保护区、环境监测和污染治理等内容。根据2012—2015年数据，公共部门承担的环保支出占11%左右，见表11-1。

表11-1 俄罗斯环境保护成本结构

单位：百万卢布

年份	2012	2013	2014	2015
总计	445816	479383	535863	562448
商业部门	352638	373810	422331	439748
专业环境服务提供商	50018	58526	67166	73041
公共部门	43160	47047	46366	49659

资料来源：俄罗斯环境保护统计资料汇编（2016），http：//www.gks.ru/bgd/regl/b16_ 54/Main.htm.

注：按部门划分

从俄罗斯联邦三大环保组成实体的历年环保支出结构中可看出，企业、组织和个人企业家构成的商业实体历来占比较大，其次是专业环境服务提供商。根据最新的RusState数据报告，2016年俄罗斯联邦三大环保组成实体的环保成本支出中，商业实体的环保成本支出占比71%，其次是环境服务提供商成本占比为15%，公共部门环保成本占比为14%，如图11-4所示。

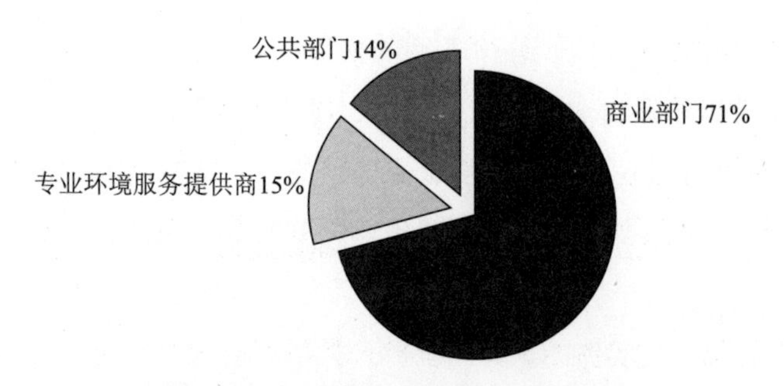

图 11-4 各经济部门环保成本所占比重

资料来源：俄罗斯环境保护统计资料汇编（2016），http：//www. gks. ru/bgd/regl/b16_ 54/Main. htm.

在具体的保护环境措施上，俄罗斯联邦对环境保护创新投入了大量资金，其中，水资源保护和空气质量保护的资金增幅较大。

俄罗斯用于环境保护方面的固定资产投入，从 2013 年的 1238 亿卢布增加到 2015 年 1517 亿卢布。这部分固定资产投资旨在保护环境和合理利用自然资源，包括以新建企业和经营企业的所有融资来源为代价来实现环保措施的固定资产投资，也包括造成其初始费用增加的设备的建设、重建（包括扩建和现代化）费用，购置机械、设备、车辆。

在环境创新活动费用投资上，各行业环保投入历年增幅显著，如图11-5所示。

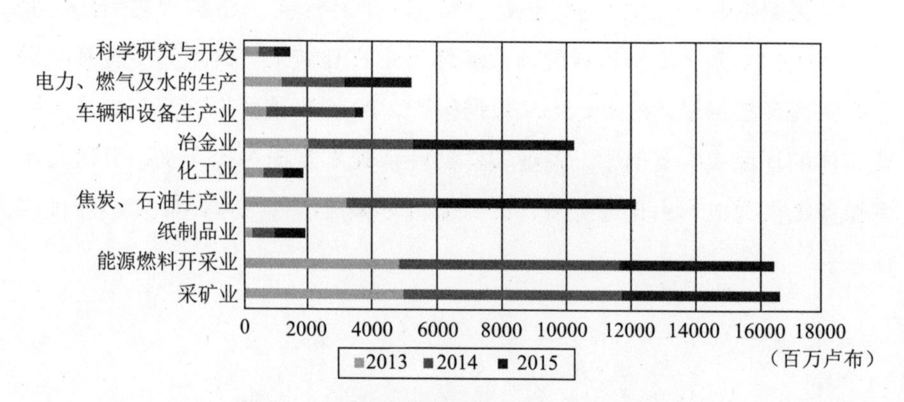

图 11-5 环境创新费用在各行业投入支出

资料来源：俄罗斯环境保护统计资料汇编（2016），http：//www. gks. ru/bgd/regl/b16_ 54/Main. htm.

（四）合理的税收政策

俄罗斯借鉴发达国家的成功经验，从 1991 年起依据《自然环境保护法》开始征收自然环境污染税，1998 年通过的《俄罗斯联邦税收法典》将其正式定名为“生态税”。作为一种目的税，征收的生态税税款纳入国家预算外生态基金。生态税不仅可以有效地惩戒企业的超标排放行为，增加国家和地方政府用于生态保护的财政收入，为环境友好型生产企业、公众的环保行为提供保障资金，而且可以倒逼企业不断改进生产技术、减少成本投入。从 2005 年开始，俄罗斯联邦开始征收水资源税，旨在合理调节水资源的使用和有效保护水资源。

（五）全民化的生态教育

公民的生态权利是俄罗斯生态法的核心内容。《俄罗斯环境保护法》规定了组织和发展生态教育体系，培育建设生态文化，以及在环境保护领域中公民和社会生态联合组织应有的其他一系列权利。俄罗斯的生态教育具有全民性和综合性，生态教育体系涵盖学前教育和普通教育。生态保护理念教育渗透小学、中学、大学的课程教学之中，通过了解自然认识自己对环境的职责和依法进行监督的权利。一方面强化普及生态知识，对生态环境专家、生态环境组织决策者进行专业培训；另一方面发挥公共教育机构生态培训的主导作用。俄罗斯联邦国家权力机关和联邦主体国家权力机关、地方自治机关、社会团体、大众传播工具以及社会教育机构、文化机构、图书馆、博物馆等承担着生态保护宣传的主要任务；生态教育的协助机构广泛吸收公众参与环境保护生态教育。

在联邦目标计划——“俄罗斯的水”框架内，俄罗斯联邦正在实施一些大型知名活动，并在互联网上创建了一本在线科学百科全书“俄罗斯的水”信息门户网站。保护“俄罗斯的水”活动很多，具体如 2017 年举办儿童绘画比赛“七彩滴”活动，此活动里专门针对水资源保护和储蓄问题而举办，已连续举办四年。“清洁岸边”运动，2017 年 6 月1 日俄罗斯启动了第四次“清洁岸边”运动；第一次是在2014年，该活动在54个地区清理了1700个水体，20万人参加了该行动；第二次是2015年，有30万“活跃分子”到达了72个地区近3411个水体的岸边；第三次是2016年，一百万名业余爱好者参加了俄罗斯80个地区9000个水体的清理工作，创下了历年人数的纪录。保护和利用水资源的海报设计比赛，参赛者是来自世界各地的认证的设计师。作为比赛的一部分，高中学生被要求制作关于“社会广告类型”的节水专题的视频。全国初级水赛是一项创新比赛，面向普通高等院校学生，学生提出一项旨在保护和恢复水资源或解决市政水问题的项目，并提出关于家庭、学校和企业节水的建议。自2007年以来，环境项目咨询研究所作为该项目的组织机构，每年会实施其中一个获奖项目。诸多活动的主要目的是告诉人们水资源管理的重要性。活动参与人员在社交网站上用文字和图片表达自己对水的态度，带动社交圈群体认真反思水资源的节约与管理。

三、俄罗斯环境保护对我国的启示

（一）完善立法，加强监督力度

我国在1989年通过现行的《环境保护法》，它对我国保护和改善环境，促进经济、社会和环境的协调发展发挥着重要的作用，但实际监督效果的提升空间还很大。我国应在《环境保护法》基础上，将法律条款进一步细化、明确惩处力度、提高违法成本、对环保违法行为设定直接的罚则，做到有法可依、有法必依、执法必严、违法必究。我国现行的环境监督主体是“统一实施管理与监督的环境保护部门”，监督员制度是环境保护监督的第三方力量。环境监督员大多是企业或项目内部的环境监督岗位，监督员资格的审核、监督过程、分工管理等并不公开化和明确化。监管治理弱导致社会各类主体，尤其是企业产生错误的环保理念，把可持续发展挂在嘴边，忽略考核指标，加之没有细化的处罚条款，违法成本低，容易造成腐败之风盛行。

（二）完善环境评价机制

制定完善的环境评价机制和生态鉴定制度，包括以立法形式建立国家生态鉴定制度，并发动社会团体组织，建立社会环境鉴定体系。以立法形式建立国家生态鉴定制度保证了国家生态鉴定的权威性，防止个别利益主体以牺牲环境谋利。依靠严格的责任确定加上严厉的处罚，俄罗斯完善了自己的生态制度，保障了相关环保工作的执行。俄罗斯的“环境保护优先”原则提倡当经济利益与生态利益发生冲突时，优先考虑环境保护。这种原则不仅使人们增强环保意识，而且为生态鉴定的顺利实施奠定了基础。我们应充分认识到优先发展原则的重要性，确定环境保护的核心地位，这样才有利于我国环境影响评价制度的改进，使我们不再走先污染后治理的老路。

（三）提倡公众参与，环保工作全民化

在我国新的《环境保护法》中，对公众参与的形式予以特别说明，但一些条款只是流于形式，没有起到实际的公众参与的作用。我们应增加公众参与环境保护的途径，不要仅采用调查问卷的形式进行测评，还可以借鉴俄罗斯的相关做法，比如通过社会媒体平台发布环保信息，在图书馆成立生态信息中心，建立生态网站、生态电子图书馆，开展多种形式的环保教育和宣传活动等。环境保护是全社会共同的职责，只有共同努力才能使环境工作越做越好。

（四）积极参与国际合作

环境保护是世界各国的共同责任。俄罗斯注重通过国际环境安全机制，加强国际合作，认真履行已签署的国际环境公约，从而有效地保障国内环境安全。中国作为最大的发展中国家，同样置身于国际环保合作中，主动承担了更多的责任和义务，推动国际环境合作的资源优化配置，为保

护人类赖以生存的家园贡献自己的力量。

参考文献

[1] 范纯. 俄罗斯的环境危机与法律对策 [M]. 北京：知识产权出版社，2008：52-54.

[2] 张俊杰. 俄罗斯法治国家理论 [M]. 北京：知识产权出版社，2009.

[3] 王秀卫. 论环境法中公众参与制度的作用与完善 [J]. 行政与法，2004（3）：116-117.

[4] 冯艳萍. 俄罗斯森林防火现状及拟采取的措施 [J]. 消防技术与产品信息，2004（5）：46-48.

[5] 陈琴. 对开征环境污染税的思考 [J]. 市场研究，2004（3）：9.

[6] 王前军. 转型期俄罗斯的环境安全政策 [J]. 俄罗斯研究，2005（2）：31-36.

[7] 张波，赵华. 俄罗斯生态鉴定制度初探：兼议完善我国环境影响评价制度 [J]. 求是学刊，2005，32（4）：67-71.

[8] 范纯. 俄罗斯环境政策评析 [J]. 中亚东欧研究，2010（6）：15-17.

[9] 杨华. 中国环境保护政策研究 [M]. 北京：中国财政经济出版社，2008：72-73.

[10] 丁建新. 俄罗斯联邦环境保护法 [J]. 政策与管理，2004（7）：25-26.

[11] 张波. 俄罗斯生态鉴定制度初探 [J]. 求是学刊，2005，32（4）：38-39.

[12] 王树义. 论俄罗斯生态法 [M]. 武汉：武汉大学出版社，2001：295.

[13] 王前军. 俄罗斯的环境保护政策 [M]. 北京：环境科学与管理出版社，2007：32-33.

[14] 贺延辉. 俄罗斯图书馆的居民生态教育活动及启示 [J]. 国家图书馆学刊，2013（5）：78-84.

[15] Noskova Nadezda. 俄罗斯环境现状与治理措施 [D]. 天津：天津科技大学，2016：25-57.

[16] 康斯坦丁·安纳托伊维奇. 俄罗斯的垃圾管理 [J]. 企业经济，2016（8）：88-93.

[17] 萨沙（Karasiova Aliaksandra）. 中俄环境保护法比较研究 [D]. 北京：中央民族大学，2016.

第十二章　新加坡环境保护对策与借鉴

新加坡是一座美丽的花园城市，地处马六甲海峡入口，位于东南亚地区中心，被称为“亚洲的十字路口”。新加坡共有大小岛屿50多个，地势起伏和缓，主岛新加坡面积占全国总面积的90%以上。新加坡很多地区都是由填海产生，1950年迄今约有20%的国土面积由填海产生。新加坡作为世界上经济发达的国家之一，在经济持续快速发展的同时，十分重视环境保护。新加坡具有健全的环保职能机构，经济建设与环境保护协调一致，工业布局合理，在高效协调的环保措施下，新加坡环境优美，空气清新，到处林木茂盛，花团锦簇。

新加坡也经历了先污染后治理的环境保护过程。新加坡环境治理水平较高、效果较好，新加坡在环境保护方面采取的方法与对策值得我国参考与借鉴。

一、新加坡环境保护对策

（一）环保机构设置

新加坡环保相关的法规条例能够得到有效的落实，一个必不可少的条件是拥有一整套完善的环境保护管理机构体系。新加坡的环保部门主要由国家环境局、公用事业局以及环境和水资源部组成，其中污染控制和公共健康的保护主要由国家环境局来负责，水资源的可持续利用及管理主要由公用事业局负责。

新加坡国家环境局的主要工作是保护新加坡的空气、土地和水资源，提供良好的环境和气象服务，包括环境保护部、环境公共健康部和气象服务部三个部门。环境保护部旨在实施环境监测，减少和防治环境污染及提供垃圾处理服务，管理四个焚化厂及岸外垃圾埋置场。该部门致力于减少废物产生，加强废物回收利用与节约能源。

新加坡公用事业局是国家水务管理机构，负责新加坡的供水、集水与废水系统事务。它管控全部的供水系统，开发、收集、净化及提供饮用水，处理回收废水并重新净化生成新水，管理雨水排水系统。

环境和水资源部是新加坡政府的组成部门，下设三个署及有关法定单位。首脑是民选部长，部长负责全国的环境发展工作。环境发展部内设机构清晰明确，各机构的具体职能如下：

（1）环境工程署。其职能包括环境保护设施的筹划、施工、操作与修理。

（2）环境政策及管理署。其职能包括制订环境保护计划，供给国际环境保护政策，推动环保科技进步，制订防止污染物排放计划，管控危险及有毒物质的处理。

（3）环境公共卫生署。其具体职能包括普及环境保护知识、推广绿色消费观念、对饮食行业营业执照的签署与发放、卫生防疫工作、固体废弃物如垃圾等的整理和后续处理等。

新加坡的这些法定机构并非纯粹的政府机构。虽然其行使相关行政管理的职能，但是实行独立核算，自主经营，自负盈亏。这种机构设置将环境基础设施建设和环境保护的职能同时置于一个政府部门的管理之下，具有明显的合理性，避免了因政出多门而带来协调上的麻烦，有利于统一管理，提高效率。其机构设置如图 12-1 所示。

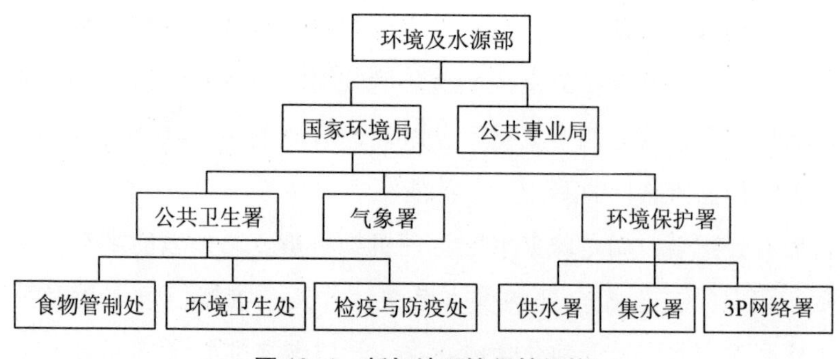

图 12-1　新加坡环境保护机构

（二）立法方面

1. 完备的立法体系

新加坡是一个法治国家，严格遵守法、情、理，没有任何单位和个人可以干涉执法。立法先行是新加坡环境保护工作的特点。从 20 世纪 60 年代开始，新加坡政府先后制定了一系列环境保护的相关标准和条例，并不断提高和完善。在公共卫生方面，注重提升街边小贩和食物供应商的卫生标准。从 1966 年开始实施的新小贩准则，规定所有小贩必须领取执照，随后小贩逐步被责令迁至有适当污水处理和排水系统装置的小贩中心营业。在空气污染治理方面，新加坡政府从 1980 年开始，对发电厂、炼油厂等导致空气严重污染的行业规定不允许使用硫黄含量超过 2%的液态油。对在空气中散布污染物的工业部门，规定必须安装空气净化设备以保证散发出来的气体符合国家空气质量标准。在工业污水处置方面，政府规定对工业废水的排放污染控制方法有两种：一是统一规定工业废水的排放标准，要求企业个人必须在处理达标后才能排放；二是监测排水口，在生产废水排放的地方装有自动监测的装置，当出现超标排放时，闸门自动关闭，并且非环境部人员是无法启动闸门的。新加坡政府还针对在环境中出现的虫害问题设立了一个虫害控制部门，专门负责监察和研究对环境有危害的蚊子等害虫的滋生和控制。

新加坡在环境保护立法方面，一大亮点是环保法规条文内容详细明了、权责明确清晰，并且执法严格，对违反规定的处罚透明度高，可执行度高，不仅可有效避免相互扯皮推卸责任，而且提高了环境治理工作的效率。一系列有效的措施与建议保证了环境保护法的有效实施，并且通过一系列科学严谨的反馈环节，使新加坡环境保护法可以适应不同的环境变化。

2. 严苛的执法

在新加坡的公共汽车上可以看到“乱扔垃圾罚款1000新元”的告示。乱扔垃圾违规者必会收到一张罚单，如果不按时交付罚款就会收到法院传讯，并且违规者还会被有关部门召去做反面教员，穿上标志垃圾虫的服装当众扫街，借以示众。有关破坏环境方面的处罚还有很多种，违规者都将受到十分严重的惩罚。新加坡严苛的执法主要靠有效的监管与执法人的高度自律。严苛的执法保障了环境保护法在新加坡人心中的崇高地位，使新加坡人从心底重视环境保护相关法律，并且严格遵守执行。

（三）有效的经济手段

新加坡政府一向重视环境保护，在环保方面，除了行政管理手段外，经济管理手段也是一大特色。新加坡政府在财税方面的一系列改革以及推进市场化方面的举措对环境情况的日益改善做出了很大的贡献。

1. 价格政策

新加坡政府认为靠保护主义措施和压低生产要素的价格来提高竞争力是万万不可的，这样只会造成资源的浪费和效率低下，歪曲市场供求关系。为充分利用资源，新加坡政府为环境资源合理定价。新加坡政府实行了渐进连续的调控方式，提高水、电的价格，以节约使用水电资源。2004—2016年，新加坡的水、电价格及其构成部分见表12-1。

表 12-1　2004—2016 年新加坡水、电价格及其构成

年份	水费价格（新元）	水费占比（%）	水资源税占比（%）	污水处理费占比（%）	电费价格（新元）	上行电费占比（%）	下行电费占比（%）
2004	0.95	75	13.5	11.5	1.05	35	65
2005	1.01	66	16.0	18.0	1.06	36	64
2006	1.12	64	20.0	16.0	1.25	38	62
2007	1.35	63	21.0	16.0	1.26	39	61
2008	1.65	62	21.5	16.5	1.38	40	60
2009	1.69	61	22.0	17.0	1.48	42	58
2010	1.86	58	25.0	17.0	1.52	43.5	56.5
2011	1.89	56	26.0	18.0	1.53	44	56
2012	1.91	53	27.5	19.5	1.55	46	54
2013	1.92	48	30.0	22.0	1.68	48	52
2014	1.96	47	31.5	21.5	1.87	49	51
2015	1.99	46	33.0	21.0	1.89	52	48
2016	2.06	45	34.0	21.0	1.96	56	44

资料来源：新加坡国家统计局官网，新加坡水电官网。

从表 12-1 可以看出，2004—2016 年，新加坡政府对于污水处理、水资源税的征收比例是逐年上调的，此举有利于保护水资源和进行污水处理的相关事项。

2. 财税政策

（1）补贴、收费优惠制度。在用水方面，新加坡实行“水消费数量底线”和“差异收费制度”。新加坡水资源稀缺，为了保护和节约利用水资源，新加坡用水户要缴纳水费、污水处理费和清洁费。这些费用属于法定性收费。不仅收费，政府同时还开征了水资源保护方面的税收。收取的费用主要用于进行污水处理和对现行排污系统的维护和保养。1997 年以前都是每立方米 0.1 新元，2000 年以后不断上涨，现为每立方米 1.17 新元。当居民月用水量超过 40 立方时，收取的水费和非居民用水的水费相等。对所有的用水户收占取水费 30%的水保费，对于月用水超过 40 立方米的用水户收取 30%～50%的水保费，这对促进用水户节约用水和从总体上控制

水需求有着重要作用。政府还收取水源排污费。主要用于污水的处理和公共排污管理的维护和保养等方面，对所有居民按每立方米 0.3 新元收取，非居民用水的污水排放费是居民用水的两倍。除此之外，新加坡还对每个用水点收取每月 3 新元的清洁费。为实现对水资源收费的公平和合理，政府对低收入家庭进行财政帮扶，目的在于保证没有支付能力的人的生存用水。

（2）政府和企业设立环保基金，促进环保事业发展。政府出资设立环保基金或发行生态债券，在生态领域逐步扩大投资，而且对政府认可的环保企业进行财政补贴和税收减免。一些银行也设立环保基金，助推环保事业发展。华侨银行自 2017 年起设立特别基金，资助本地环保项目，环保基金每年经费有 10 万新元，主要为不同领域的环保课题提供资助。①

（3）现鼓励民间力量或私人企业的环保投资。新加坡政府大力扶持民间力量或私人企业对于那些效益好、市场前景好的环保产品的投入，如环保设备、环保技术、环保信息服务等领域及行业，尤其是高新技术的环保企业，鼓励它们将环保科研与环保产业相结合，并增加其贷款额度，促使逐渐形成规模效应，政府应因地制宜地制定财政税收优惠政策。

（4）对环保性固定资产允许其加速折旧。在投资抵免方面，新加坡政府鼓励用水大户投资水循环设备，节约用水量。财政部允许企业从应税收入中扣除用于投资水循环设备的费用，减少企业的应税收入，提高企业积极性。准许购买节能设备和高效污染控制设备的企业在购买设备后一年内提取百分之百折旧费用，还规定了享受该政策的环保设备的类型和技术标准。淘汰旧的柴油驱动货车和公交车，换新的车同样可在一年内折旧。新加坡政府同样高度重视噪音和有害化学品污染，购买控制这两种污染设备的企业同样可以享受此政策。

3. 推动资源环境管理体制的市场化改革

这项市场化改革涉及多方面，主要包括环境基础设施市场化改革、环

---

① 华侨银行设立特别基金，资助本地环保项目，2018 年 9 月 27 日，https：//www. shicheng. news/show/332966.

境服务市场化改革和能源产业市场化改革。由于经济发展和人口增长，土地资源和人力资源稀缺成为越来越大的阻碍，所以新加坡政府改变了以往依靠政府投资公共环境基础设施的模式，开始实施环境基础设施私有化计划，有效缓解了财政紧张，激励市场对社会基础设施服务的投入。这一模式使得环保产业有了市场化的自我发展能力，有利于环保事业的良性推进。

政府为了促进市场环境服务水平的提高，进行了诸多改革，如在废物回收方面，成立专门的废物回收公司，通过招标方式来决定由哪个企业提供哪个区域的废物回收工作。在能源产业市场化改革方面，为建立能源资源的市场化竞争价格，新加坡政府进一步放松管制，组建新加坡动力有限公司，开始了能源产业的市场化改革。

（四）行政惩罚手段

新加坡政府对于破坏环境有一个由轻至重的环境犯罪制裁体系，其中包括罚金、没收、乱扔废弃物中的矫正工作令及监禁和鞭刑。

罚金是所有环境违法中最常见的处罚，但是罚金的数额却大有不同，而且新加坡政府会根据执法过程中出现的问题及时地对罚金范围进行适当的调整。对于因最高罚金太低仍会对社会造成一定破坏的行为，会一步步上调最高罚金；对于再犯和屡犯的实行区别罚金以遏制该行为再次发生。

没收作为一种刑罚，由于其在环境犯罪上的灵活性较差，所以适用的情况不多。

矫正工作令主要针对在公共场所乱丢垃圾的行为进行强行矫正，即可用从事无偿工作来代替其他惩罚，一般每天工作不超过 3 个小时，工作时间总数不超过 12 个小时。

监禁主要有 3 个月以下、6 个月以下、一年以下、2 年以下及 3 年以下 5 种情形。鞭刑因为是肉刑，本身就饱受非议，因此李光耀要求保留鞭刑这一做法也受到了指责。

（五）动员社会力量，提升环保水平

1. 普及环保教育，提升全民环保意识

新加坡政府一直将提升国民的环保意识作为一项重要工作。为了提高全民素质，在学校普及环保教育，培养每个公民的环境保护意识，使每个人都能自觉爱护环境、保护环境。环境保护教育被加入学校日常课程之中，政府鼓励每一所学校成立一个环境保护俱乐部，并且在学校培养环境保护大使；在社会生活中，新加坡政府鼓励人人参与环境保护。此外，大众媒体给公众提供了舆论监督的平台，使每一位公民都能够平等地参与到环保的过程中。

2. 鼓励社会组织参与环保，充分调动全民的环保力量

新加坡政府将工作重点投向社区生态建设。2005 年曾推出“花开社区”项目，旨在鼓励全民参与社区环保建设。通过亲手植树造林，参与公共设施规划，有效地提高了公众的社区归属感与责任心，形成了区域性环保共识。

为了充分调动全民的环保力量，新加坡政府将“传媒导向”“市场导向”和“全民导向”作为三大创新政策，运用于具体工作中。“传媒导向”旨在运用新网络社交媒介鼓励各类专业人士和普通公众进行交流。在信息传播的同时，聚合民间的环保智慧，形成自发的社会组织，以便弥补、强化和调整政府的环境政策。“市场导向”是借助部分市场规律，使环境服务、环境设施建设、新能源开发等领域的私营企业加入环保队伍，逐渐建立“政府主导、市场辅助”的治理体系。“全民导向”则是把学校、社区、企业作为环境信息传播的“基本单位”，在推广全民环保的同时，收集民众意见。适时调整环境政策，努力满足每个群体对环境的需求。新加坡政府通过出台这一系列的政策，让民众自觉踊跃地参与到环境建设中去，为国家的环境保护献计献策，让人们自觉维护生态环境，形成全社会的“绿色”文化氛围。

二、新加坡环境保护对我国的启示

在新加坡政府采取各种环境管理规定且公众积极配合下，新加坡的水和空气质量、绿化、废物再循环、排水与防洪涝工程以及公共卫生与健康水平明显改善，各种排放物都得到了有效控制，环境污染问题得到了很好的解决。

与新加坡相比，当前我国的环境保护工作还处于以污染防治为主的阶段，资源保护和生态建设水平远远满足不了社会发展的需求。在我国进一步走向工业化、城镇化、现代化的进程中，借鉴新加坡的环保经验，能更好地制定有效的环保措施，促进我国经济更好更持续地发展。

1. 环保机构独立

对我国来说，新加坡政府有效的环保机构设置、系统独立的垂直型环境管理体制的借鉴意义非常大。也就是说，国家、省、市（县）的环境管理部门的独立行政隶属关系是确保地方环境执法的权威性、坚决性和彻底性的基础。而我国之所以从中央到地方的环境执法效果不佳，出现有法不依、执法不严和违法不究的情况，是我国地方环境管理部门在执法过程中的尴尬位置所致。我国地方环境管理部门的财力、物力、人力资源都要直接受地方行政部门的控制，而我国地方政府的考核模式又限制了地方环境管理部门的积极行动。所以，要改变我国分散型的环境管理体制，建立一个统一、权威、高地位的有推动力的管理部门。

2. 环境立法全面

新加坡政府在环境治理方面最为成功的经验就是制定了完备的环境保护法律法规，甚至各类废物的排放和处理标准都有明确的规定，确保了环境执法工作有法可依。我国应在国家相应的法律框架内，进一步完善环境保护方面的立法，使我国在环境方面的法规详尽并且必须具有可操作性，同时加强执法监督，把保护环境的意识贯穿到政府行为的每一个环节。

3. 有效的经济手段

借鉴新加坡成功的经验，环境保护不能简单地依靠政府财政投入，必须要充分与市场结合，要利用价格政策、财税手段，允许企业环保型固定资产的加速折旧，创新税收抵免等经济手段，政策上要注意构建循环产业制度，调整招商引资政策，大力支持资源消耗少和环境污染少的产业等。

4. 环境保护宣传力度大

一方面，在民间进行广泛宣传，普及加强环境保护、建设生态文明的基本理念，树立公民的环境危机意识与责任感，最重要的是提高公众参与度，让普通公民知悉如何参与其中，打造全民环保的格局。另一方面，通过积极进行环境保护方面的宣传，充分调动社会公众参与环境保护监督工作的积极性，引入公众参与机制，做到及时发现违法，有效监督执法。

5. 强化行政手段

新加坡的环境建设和保护工作由政府统一组织、统一规划、统一实施，但是通过公共机构和私人企业紧密合作，优势互补，双方共赢来实现的。由政府提供基础设施和私人企业界提供服务是当前较为普遍的做法。我国也应该拓展多种行政手段，并运用这些手段高效解决环境问题，且应当通过立法赋予环境保护部门强制执行权，并明确权利和责任范围，有效地对环境违法行为进行监督和处罚。

参考文献

[1] 黄钰. 新加坡环境管理的经济手段 [J]. 亚太经济，2001（6）：31-33.

[2] 陈巨新. 花园城市新加坡：环境保护情况介绍 [J]. 环境监测管理与技术，1996（4）：46-47.

[3] 岳世平. 新加坡环境保护的主要经验及其对中国的启示 [J]. 环境科学与管理，2009，34（2）：41-45.

[4] Christudason A. Legislating for environmental practices within residential property management in Singapore [J]. Property Management, 2002, 20

(4)：252-263.

[5] Haley U C V. Virtual Singapores：shaping international competitive environments through business-government partnerships [J]. Journal of Organizational Change Management，1998，11 (4)：338-356.

[6] Perry M，Sheng T T. An overview of trends related to environmental reporting in Singapore [J]. Environmental Management&Health，1999，10 (10)：310-320.

[7] 吴真，高慧霞. 新加坡环境公共治理的实施逻辑与创新策略：以政府、社会组织和公众的三方合作为视角 [J]. 环境保护，2016，44 (23)：72-74.

[8] 叶春民. 新加坡的环保优先实践 [J]. 环境保护，2010 (10)：72-73.

[9] 许晨夕. 借鉴与思考：新加坡环境保护法对中国之启示 [J]. 法制博览，2015 (12).

[10] 曹智勇. 新加坡环境保护制度借鉴研究 [D]. 北京：中国地质大学，2011.

[11] 张雅丽，黄建昌. 日本、新加坡生态环境政策对我国的启示 [J]. 兰州学刊，2008 (2)：42-44.

[12] 陈嘉龙. 从“环境威权主义”到“环境民主”：新加坡生态环境建设经验探究 [D]. 武汉：华中师范大学，2018.

[13] 杨克慧. 浅析新加坡环境公共卫生管理制度 [J]. 中国集体经济，2018 (7)：167-168.

[14] 司林波，李雪婷. 新加坡的生态问责制 [J]. 东南亚纵横，2017 (8)：21-27.

[15] 李志青. 从多元治理到伞形治理：城市绩效治理的一种当代路径：以新加坡的环境治理体系为例 [J]. 上海城市管理，2016 (1)：39-42.

[16] 许晨夕. 借鉴与思考：新加坡环境保护法对中国之启示 [J]. 法制博览，2015 (4)：18-20.

第十三章　北欧环境保护对策与借鉴

北欧一般特指挪威、瑞典、芬兰、丹麦和冰岛 5 个国家，和各自的海外自治领地，如法罗群岛等。北欧西临大西洋，东连东欧，北抵北冰洋，南望中欧，总面积 130 多万平方千米，地形多为台地和蚀余山地。北欧的绝大部分地区属于亚寒带大陆性气候，冬季漫长，气温较低，夏季短促凉爽。北欧国家人口密度相对较低，经济水平较高，人民生活非常富足，社会福利保障极其完善。北欧各国是绿色发展和可持续发展的典范，其在经济与环境发展方面，已经走在了世界前列。

一、北欧各国环境问题

工业革命推动人类进入了一个前所未有的辉煌时期，经济得到极大发展。与此同时，大量化石燃料的消耗、对自然资源的肆意掠夺也使人类面临越来越多的环境问题。北欧也曾爆发过水体、土壤酸化，海洋、湖泊富营养化，植被减少，大气污染、水污染等环境问题。

挪威的污染问题主要有城市空气污染、部分工农业污染和生活污水排放污染等。空气污染的污染源主要是 SO_x 和 ON_x。挪威在 20 世纪 60 年代发掘了石油之后，各行业纷纷开始滥用石油，导致环境污染愈演愈烈。同时，工业污水的排放造成水中氮和磷元素含量超标，导致内陆和海岸水域的藻类疯狂增长，水中含氧量降低，水质恶化，水生物减少。

20 世纪六七十年代，瑞典的斯德哥尔摩、哥德堡、马尔摩三个主要城市因汽车污染、工业废水和生活污水排放、噪声危害等导致环境污染非常严重。河流、湖泊的汞对水体的污染问题至今没有得到有效解决。重金属、氯代稠环芳烃等有机化合物、油污染、放射性及热污染、富营养化等问题有增无减。大量的酸性雨雪造成许多湖泊、土壤酸化，有的湖泊的酸碱度过高使很多水生生物无法生存。汽车尾气污染程度不断加剧。瑞典的斯德哥尔摩、哥德堡等城市曾经出现过“光化学烟雾”现象。至今，瑞典斯德哥尔摩市中心沉积物中的重金属污染都很严重。

20 世纪三四十年代的苏芬战争使芬兰的国民经济遭到极大破坏。为了偿还战争赔款，芬兰大力发展冶金和金属工业，为了扩大出口，芬兰的造纸厂几乎遍地开花，大大小小的工厂排污和机动车的增加，导致芬兰环境质量开始下降，环境问题不断出现。首先是水质发生了变化，河流湖泊等水域受到污染并释放出难闻的气味，鱼类减少，甚至不能食用。20 世纪六七十年代，工业废气和汽车尾气的排废，导致雾霾天气时有发生。芬兰将近 50%的能源为自石油、天然气或煤。

丹麦的环境污染主要是湖泊大多存在富营养化问题。20 世纪末丹麦湖泊多处于富营养化状态，统计的 709 个湖泊中，79%的湖泊处于富营养化状态，仅有 5. 3%的湖泊处于寡营养化状态。大部分湖泊高度富营养化主要是由于生活污水和农业污水的高营养排放。

冰岛是环境污染较少的国家。活跃的火山造就了冰岛丰富的水利和地热资源。基于环境角度，活跃的火山有供给清洁能源的有利方面，但火山爆发也是危害环境的重要因素。火山喷发后，火山灰使环境污染严重。冰岛也曾遭受过严重的土壤侵蚀和植被退化。过度放牧、人为破坏、恶劣的气候环境是造成冰岛生态环境被破坏的重要原因。

环境污染影响着北欧地区居民的身体健康和生活环境，也影响着北欧经济的发展。为了改善生活环境以及实现绿色、可持续发展，北欧各国开始采取措施，系统地治理各类环境污染问题。

二、北欧各国环境保护对策

（一）完备的环境管理机构

为实现可持续发展，北欧国家成立了专门的环境保护部，对本国的环保工作行使指导、推进和监管职责。1967 年，瑞典建立的环境保护局是世界上第一个环保机构。丹麦于 1971 年建立环境部，随后成立能源署，能源署成为推动丹麦绿色发展的重要机构。1972 年挪威成立环境部，后续又设立了国家污染控制局、自然资源管理局等环保机构。芬兰政府于 1983 年成立了环境部，环境部负责协调制订环保计划、环保法规，以及执行监督管理工作。相比之下，冰岛的环境保护机构成立较晚，冰岛在 2014 年成立环境和自然资源部、渔业和农业部等部门。

（二）完善的法律体系

北欧各国的环境立法相对完备，已经形成以环境基本法为基础，基本法、综合法、单行法相结合的完整的环保法律体系。

1. 瑞典的环境法律体系

为解决不同的环境问题，瑞典制定了多部法律法规。

20 世纪 50 年代之前，瑞典设立了关于自然保护的单项法律——1918 年的《水法》、1938 年的《狩猎法》、1942 年的《名胜古迹法》和 1950 年的《捕鱼法》。

20 世纪 60 年代以后，瑞典环境问题日益突出，1964 年设立《自然保护法》，1969 年制定了《环境保护法》，这两项法律是环境保护的基本法。

20 世纪 70 年代以后，1971 年颁布《禁止海洋倾废法》、1972 年出台《机动车尾气排放条例》、1973 年出台《有害于健康和环境的产品法》。1974 年瑞典颁布的宪法规定：必须以法律的形式制定包括狩猎、捕鱼，或者保护自然和环境在内等事宜的规章制度。根据这一规定，瑞典颁布了

《政府支持污染控制技术开发条例》（1975年）、《有害废弃物条例》（1975年）、《燃烧硫含量法》及其条例（1976年）、《清洁卫生法》及其条例（1979年）、《根据丹麦、芬兰、挪威和瑞典1974年环境保护协定制定的法律》（1979年）。此外，瑞典还制定了《建筑法》（1974年）、《国家自然规划法》（1973年）、《森林保护法》（1979年）、《公路法》（1971年）、《土地证用法》（1972年）等。

20世纪80年代以后，瑞典颁布《国际防止船舶造成水污染法》及其条例（1980年）、《环境保护条例》（1981年）、《林地杀虫剂施用法》（1983年）和《关于落叶林法》及其条例（1984年）。此外，瑞典还制定了《健康保护法》（1982年）、《水法》（1983年）和《危险运输法》（1982年）等被称为"具有环境保护意义的法律法规"。

20世纪90年代，瑞典依据新的原则不断提高环境保护法律的标准。根据里约世界环境发展大会提出的7项可持续发展原则，1992年瑞典环境科学院开始研讨瑞典可持续发展战略政策，1993年年底开始拟定环境提案，1997年制定了环境目标框架法案——《瑞典的环境质量目标——可持续瑞典的环境政策》。在上述法律法规基础上，瑞典于1998年颁布了《环境法典》。

瑞典环境法律实施的核心机理是"谁污染、谁治理和付费"制度、排污许可证制度、环境税征收制度、污染物排放总量控制和容量控制制度、环境影响评价制度、环境损害保险和赔偿制度等。瑞典的司法和执法高效、独立，司法体系质量较高，各种环境违法案件的处理都十分到位，为其绿色发展提供了重要保障。

2. 丹麦的环境法律体系

为摆脱对石油燃料的依赖，丹麦颁布了一系列环境保护法以及相应的财政政策，最大限度地鼓励开发新能源，减轻环境污染程度。丹麦政府先后颁布了《能源节约法》《住房节能法案》等相关法律法规，为发展低碳经济制定了《低碳经济法》，对各行业节能减排做出了明确的控制标准。丹麦制定了一系列环保税收政策，其中对化石能源、二氧化碳、氮氧化物的征税比例极高。此外，丹麦政府为鼓励发展可再生能源，对一些新型节能产业实施税收减免政策或给予资金上的补贴。

3. 芬兰的环境法律体系

芬兰的环境法律体系以《环境保护法》《自然保护法》《水域保护法》和《垃圾处理法》这四部法律为主。值得一提的是芬兰的《环境效益评估法》规定，凡有可能对环境造成影响的国家所有的大型项目，在启动前都要经过评估，任何可能受到影响的个人都有权参加评估并发表意见。

4. 挪威的环境法律体系

20 世纪 70 年代，挪威建立了全国性的监测机构和监测网络，同欧盟签订了一些针对不同污染物的协议，具体包括：①包括排污许可证在内的一系列法律法规，实现了谁排污、谁交费的补偿机制。国家污染控制署对企业进行监督和监测，规范企业的行为。②防止空气污染相关协议。挪威人均汽车的保有量居世界前列，为保证空气质量，在 1979 年挪威就加入了欧洲长期大气扩散协会，1980 年通过了削减 NO_x 的协议，1985 年通过了欧盟统一削减 SO_2 30%的协议等。

1983 年，挪威制定并开始施行《污染防治法令》，以防止环境污染及控制污染物的排放。该法阐明了污染的定义，强调避免污染的义务，规定了对污染行为的刑事处罚以及具体的保护环境做法等。

5. 冰岛的环境法律体系

冰岛环境保护法律的一个最大特点是具体精细，如法律规定为防止自然环境受到碾压或出现燃油泄漏等情况，机动车禁止驶离道路，如果因特殊原因需要驶入道路以外的区域，必须预先向环保部门提出申请并获得许可。

北欧五国的环境立法基本上涵盖了大气、水资源、土壤、森林、废物处理、有害化学品以及相关的环境损害与信息等方面，立法范围广泛，为北欧地区的污染防治、自然环境保护以及环境质量的提高，打下了坚实的法制基础。

北欧国家环境保护的一大主要特色是非常注重绿色执法和绿色司法。

丹麦建立了自然诉讼委员会、环境诉讼委员会和能源申诉委员会。瑞典构建了由地区环境法庭、高等环境法庭和最高法院组成的环境法庭体系。这些专门的法律机构在环境问题处理上具有专业、及时、高效的特点，在北欧国家环境保护中发挥了重要作用。

（三）绿色环保的财税政策

与法律手段相比，经济手段利用市场经济推力来减少环境破坏，更具灵活性和有效性。为推动绿色经济发展，北欧国家制定了一系列财税政策，丹麦、瑞典、挪威、芬兰早在 20 世纪 90 年代初期就进行了税制绿化改革。

瑞典绿色税收份额大，如瑞典对硫排放征收相对较高的税率，达到了每吨 3400 美元。在征收环境税的同时，瑞典政府还将原有的一些税收负担转换为绿色税收，通过对环境不友好产品征收更高的消费税（主要针对能源和二氧化碳方面）和降低所得税的办法，成功实现了绿色税收转型。

芬兰是最早对碳含量征税的国家。芬兰的碳税制度经过了多次改革，碳税从一开始的约每吨 1. 2 欧元逐渐提升到了每吨 20 欧元。芬兰的硫排放征收税率很低，在北欧诸国中较为特殊。芬兰贸易工业部出台政策支持企业利用木材和木材垃圾开发生物燃料，使生物燃料得到广泛使用。芬兰政府还对环保产业提供多渠道的资金支持。政府对垃圾回收利用项目提供项目投资 30%~50%的资金支持，对风力发电、太阳能等项目，最高支持资金可达项目投资的 40%。

丹麦的环境税制以能源税为核心，主要包括三个层面：能源税、二氧化碳税、二氧化硫税。1978 年，丹麦开始征收能源税，主要针对煤、油气和电征税。1993 年，丹麦通过环境税收改革决议，此后逐步建立起了以能源税为核心，包括 16 个税种的环境税体系。与此同时，丹麦政府对节能环保产业与行为进行税收减免。丹麦通过实行税收优惠减免政策以及针对碳排放量少的新能源征收较低税率，改变公众经济利益关系，引导公众自发使用更为环保的能源。

挪威通过鼓励和抑制的财税手段，实施了导向性的环境政策，清洁可再生能源比例不断地提升，在世界范围内环保成效相当显著。为实现环境政策目标，挪威政府实施了积极的环境财政政策，包括提高各部门用于环境措施的财政预算和调整有关的环境税。在环境税方面，1991 年挪威开始征收碳税。

（四）实施严格的监督惩罚措施

必要的监督惩罚措施是环保政策有效发挥作用的保障。

瑞典环境管理部门具有严格明确的监督职责，政府设立了环境检测专业机构。早在 1973 年瑞典便实行了空气污染检测措施，并建立环境年报制度。瑞典还设立了环保法庭，由国家环保最高法庭专门审查办理环保案件并监督相关环保法典的落实。此外，民间部门和公众的监督也是瑞典环保监督的重要组成部分，民众广泛参与到环境立法的各项规章制度的执行监督中。

芬兰的环境法律不可侵犯，违反了法律会受到环保当局的警告和法律的制裁。以《环境保护法》为例，如果公司或个人违反了其中的某一项，首先将会受到环保部门的警告，限期进行整改，如果在指定的时间内没有完成整改或者存在弄虚作假的行为，那么环保部有权将其告上法庭。如果是企业，法庭将有可能判处企业关门停产并立即进行整改。一般情况下，最普遍的是采取经济措施，对企业或个人实行罚款。如果当事人的行为后果还严重影响了当地居民的环境安全，那么法院还会责令当事人向当地居民进行赔偿。

挪威的森林覆盖率是世界之最，他们有严格的法制，法律规定很具体，比如砍树要申请，砍了以后要补种。

三、北欧环境保护对我国的启示

全球都面临着经济增长与环境压力，但北欧的经济增长与环境间的矛盾并不明显。可以说北欧诸国依靠自身国情，走出了一条绿色可持续发展之路。北欧国家的环境保护措施为我国协调经济增长与环境压力，破除环境瓶颈，提供了诸多经验。

（一）提升环境保护机构职能

北欧各国环境保护机构的职能落实质量较高，保证了本国经济的可持续发展。与北欧相比，我国环境管理组织机构的职能落实质量提升的空间较大。原因很多，具体包括：职责权限划分模糊，环保部门职责难以有效实行；地方环境督查中心责任大、权力小，作用难以发挥；问责机制缺乏，环境职责难以落实；跨区域环境管理体制存在缺陷，处理区域间的环境纠纷困难等。诸多原因的单一和叠加作用发挥，致使环保效应弱。环保职能归口、责任明确是提升环境保护机构职能，提升环保质量的关键。

（二）提升环境保护法律质量

（1）建立完善的环保法律体系，弱化行政手段，强化经济手段，尤其是环境税法律效应。应尽快扩展环境税纳税范围，不仅局限于目前的市场主体——企业，还应扩展到生活领域的所有社会主体；细化开征新的环境税，如环境污染税、大气污染税、污染源税、生态补偿税、噪音税等，这些新税种开征所获收入应专用于环境保护。

（2）完善与宪法、刑法和民法相协调的环境保护法律法规与实施细则。建立符合规范导向的高质量落实的环境保护机制，让环境保护法律和执行机制直接决定环保意识，直接约束排污主体的排污行为。只有建立起科学的整体性强的严谨法律体系，落实好有法必依的严格执行机制，环保法律才能真正成为我国环境保护的有效工具。

（三）完善绿色发展导向的财税政策

（1）积极发挥绿色税收的调节杠杆功能。税收政策应以调控为主，聚财为辅，增强环境保护效能。在扩大环境税税目的基础上，环境税应由现行的污染差别定额税率改为累进税率，污染程度重的，实行高税率，同时规定不能将环境污染和生态破坏导致的社会成本的增加内化到生产成本和市场价格中去，即不能转嫁。

（2）调整并完善资源税制度。将目前资源税的征税对象扩大到所有矿藏资源和非矿藏资源，可增加水资源税，以实现节约用水和控制污染排放。

（3）采用限制与引导双向功能环保税收政策。可以从限制与引导入手，一方面对污染者征收高额税款，另一方面对环保贡献者予以税收优惠减免，这样才能积极引导各经济单位减少甚至避免污染，更加注重环境保护。为了从污染源头实施控制，应对生产和销售带来严重污染的产品征收高额税款，对零污染的环保产品减少税款。

（4）推动构建跨区域、跨流域甚至是跨国界的生态补偿体系。建立综合补偿和分类补偿相结合，纵向转移支付、横向补偿和市场交易相互结合的生态补偿机制。

（5）完善资源有偿使用、环境损害赔偿、环境污染责任保险等方面的制度。

（四）完善环境教育体系，加大环境教育经费

（1）提升公众的环境保护意识。我国虽在一定程度上控制了工业污染，但日常生活中的污染依然严重。在我国，只有很少一部分公民真正意识到环境保护的重要性，而大部分公民则只是走走形式，喊喊口号，很少身体力行，比如不对垃圾进行分类、很少使用循环性购物袋、滥用水资源等。

环保教育要从孩子抓起，培养学生的环保意识，将环保教育作为重要的学科。国家还应通过电视、网络、期刊、宣传标语等载体加大向各年龄段的公众进行环境保护宣传，提升科普环境保护知识的力度，说明环境污染的危害性。

（2）加大对环保教育的投入。政府应设立专门的环保教育基金作为国

家财政支出的重要来源；设立专门环保基金，将环保基金作为国家财政支出的重要部分，促进环保产业的发展，鼓励环保企业开发符合环境保护标准的消费品。

参考文献

[1] 李慧玲. 环境税费法律制度研究 [M]. 北京：中国法制出版社，2007：38-39，64-70.

[2] 赵广俊. 芬兰治理环境的艰辛之路 [N]. 光明日报，2013-06-01.

[3] 张翼飞，王立彦. 推动经济发展与环境改善双赢 [N]. 中国环境报，2016-03-23.

[4] 范必. 推动绿色发展取得新突破 [N]. 中国环境报，2016-03-21.

[4] 黄娟，王幸楠. 北欧国家绿色发展实践与启示 [J]. 经济纵横，2015（7）：122-124.

[5] 冯爽，李晓秀. 丹麦湖泊水环境保护与水污染治理 [J]. 水利发展研究，2015（4）：63-64.

[6] 周珂，林潇潇. 环境生态治理的制度变革之路：北欧国家环境政策发展史简述 [J]. 人民论坛学术前沿，2015（1）：35-50.

[7] 杨居凤，冯明义. 瑞典与中国的环境管理体制比较 [J]. 产业与科技论，2008（11）：250-252.

[8] 潘康. 芬兰、瑞典生态环境建设与保护机制 [J]. 贵州师范大学学报：自然科学版，2000（4）：18-21.

[9] 范允奇，王文举. 欧洲碳税政策实践对比研究与启示 [J]. 经济学家，2012（7）：96-104.

[10] 俞敏. 环境税改革：经济学机理、欧盟的实践及启示 [J]. 北方法学，2016（1）：73-83.

[11] 郑光华. 挪威环境政策的财政措施动向 [J]. 全球科技经济瞭望，2001（3）：21.

［12］胡子祎，房岩. 瑞典的环境教育特点及其对我国的启示［J］. 长春师范学院院报，2013（12）：133-135.

［13］董小君. 低碳经济的丹麦模式及其启示［J］. 国家行政学院学报，2010（3）：119-120.

［14］崔明莉. 我国碳税法律制度的构建［D］. 长沙：湖南师范大学，2011：8-9.

［15］郑粉莉，张玉斌，刘国彬. 冰岛水土保持研究介绍［J］. 水土保持通报，2004，24（5）：109-110.

［16］卢洪友，许文立. 北欧经济“深绿色”革命的经验及启示［J］. 人民论坛·学术前沿，2015（3）：84-94.

［17］奥斯顿·艾肯格林，高思. 瑞典环境污染过程监测与控制技术［M］. 北京：化学工业出版社，2018.

［18］Sterner T，Kohlin G. Environmental taxes in Europe［J］. Public Finance and Management，2003，3（1）：117-142.

［19］Sterner T. Policy Instruments Forenvironmental and Natural Resourcemanagement［M］. Washington DC：RFF Press，World Bank and Sida，2002.

［20］Swedish Environmental Protection Agency. Environmental Taxes in Sweden Economic instruments of Environmental Policy［R］. Stockholm，1997.

［21］李伯涛. 环境税的国际比较及启示［J］. 生态经济，2010（6）：65-69.